Chaos im Stromkreis

Die Wahrheit über die Stromhexen

Das fantastische Einmaleins über Strom, Spannung und Widerstand

Majka Stock

FSC
www.fsc.org
MIX
Papier aus verantwortungsvollen Quellen
Paper from responsible sources
FSC® C105338

Bibliografische Information der Deutschen Nationalbibliothek: Die Deutsche Nationalbibliothek verzeichnet diese Publikation in der Deutschen Nationalbibliografie; detaillierte bibliografische Daten sind im Internet über http://dnb.dnb.de abrufbar.

Autorin: Majka Stock
Lektorat & Korrektorat: Eine Mischung aus Eigenleistung,
Koffein und einer äußerst geduldigen KI!

Verlag: BoD · Books on Demand GmbH, In de Tarpen 42, 22848 Norderstedt, bod@bod.de

Druck: Libri Plureos GmbH, Friedensallee 273, 22763 Hamburg

ISBN: 978-3-7693-2168-5

Liebe Lernende,

bitte denkt daran: Ich bin eine Fantasy-Autorin. Stromhexen existieren nur in meiner Fantasie. Ich musste meinen Kindern irgendwie veranschaulichen, warum sie nicht in Steckdosen fassen sollen.

In diesem Buch möchte ich euch lediglich eine Anregung geben, um euch manche Dinge etwas mehr zu verdeutlichen. Vielleicht kann es euch auch helfen, eure eigene Fantasie spinnen zu lassen, damit ihr euch über das komplexe Thema Strom einen besseren Überblick verschaffen könnt.

Wenn euch also jemand fragt: "Was ist denn Strom?", dann fangt bitte nicht an mit: "Es waren einmal die Stromhexen..."

Zur Veranschaulichung habe ich ein paar Skizzen für euch gemalt. Die "technischen Schaltungen" sind auch Skizzen... Ihr nehmt bitte immer schön Bleistift und Lineal! ;)

Einige Theoretiker werden mich wahrscheinlich dafür "lieben", solch eine Geschichte zu erzählen. So ein Märchen. Doch versucht ihr doch mal, Schülern elektrische Schaltungen ohne großartige physikalische Grundlagen zu erklären. Aber: ohne, dass man dabei tausende Fragezeichen über den Köpfen in seiner Klasse sieht. Die Zeit ist knapp. Immer und überall. Sicherlich kann man mit dieser Vorstellung nicht alles erklären. Zumindest aber bekommt man vielleicht eine bildliche Vorstellung. Also erzähle ich eine Geschichte...

INHALT

EINLEITUNG

Stromhexen existieren schon seit Ewigkeiten. Eigentlich auch schon bevor es uns Menschen gab. Jedoch trieben sie einfach nur ziellos umher. Sie waren da, aber eben nur da. Sie konnten sich nicht frei bewegen. Ab und an vielleicht, durch einen dummen Zufall und mit genügender Energie.

Sie sind eigentlich recht winzig. Mit dem bloßen Auge nicht zu erkennen. Doch wenn sie einen Weg finden, sich zusammenzutun, können sie großes Chaos anrichten, viel Unsinn treiben und für Zerstörung sorgen. Stromhexen sind also garstige, winzig kleine, energiegeladene Biester – und wenn sie unkontrolliert wüten, können sie sogar tödlich sein!

Vor über 2500 Jahren – also wirklich lange her – kam ein griechischer Mathematiker und Philosoph durch einen Zufall und wahrscheinlich als erster Mensch das erste Mal mit den Stromhexen in Berührung. Damals geschah etwas Außergewöhnliches. Dieser Mann, sein Name war Thales von Milet, rieb wohl an einem Bernstein. Warum auch immer – doch er bemerkte plötzlich, dass der Bernstein winzig kleine Teilchen anzog. Und als er dann auch noch den Stein an einem trockenen Tierfell rieb, konnte er auf magische Weise sogar Stroh und Federn anziehen. Natürlich hatte er keine Ahnung, wie das möglich war. Erst recht nicht, dass er mit seiner Aktion zur Geburt und Befreiung vieler kleiner Stromhexen beigetragen hatte.

Und weil der Mensch so neugierig war, musste er herumforschen und weiter experimentieren. Otto von Guericke zum Beispiel mit seiner Elektrisiermaschine. Die erste richtige Geburtsstätte für Stromhexen. Oder Watson und Franklin, die herausgefunden haben, dass Blitze auch nur viele Stromhexen sind, die sich zusammentun. Dann erhalten sie nämlich eine ganz schön gewaltige Macht und können ihrem garstigen Wahn fast freien Lauf lassen. Auch Volta und Ampère spielten eine entscheidende Rolle bei ihrer Befreiung. Volta verstand es, diese kleinen Biester in Batterien einzusperren, und Ampère, sie wieder freizulassen. Später fand Ohm dann heraus, dass Stromhexen magische Eigenschaften mit sich führen. Zum Beispiel waren sie sehr anzüglich, wahnsinnig neugierig und standen deshalb ständig unter Spannung. Und wenn man diese energiegeladenen, ziemlich flinken Kreaturen nicht aufhielt, machten sie alles kaputt und bissen wild um sich.

Eines hatten diese Männer bestimmt aber gemeinsam. Ich würde behaupten, jeder von ihnen wurde schon mal von Stromhexen gebissen. Und das ist kein Geschenk! Sehr gefährlich. Ihr Biss? Erbarmungslos! Wer unvorsichtig ist, riskiert mehr als nur ein kleines Kribbeln... Deshalb sollte sich jemand, der sich nicht genauestens mit ihnen auskennt, niemals an ihr Revier wagen.

Glücklicherweise ist es uns Menschen gelungen, ihre Macht für uns auszunutzen. Und das ziemlich sicher, wenn wir wissen wie. Stromhexen bewegen sich nicht wie wir. Sie haben andere Hindernisse. Und manche Sachen sind für sie ziemlich anstrengend. Da sie in dieser Hinsicht ziemlich stur sind, nehmen sie immer den einfachsten Weg.

STECKBRIEF

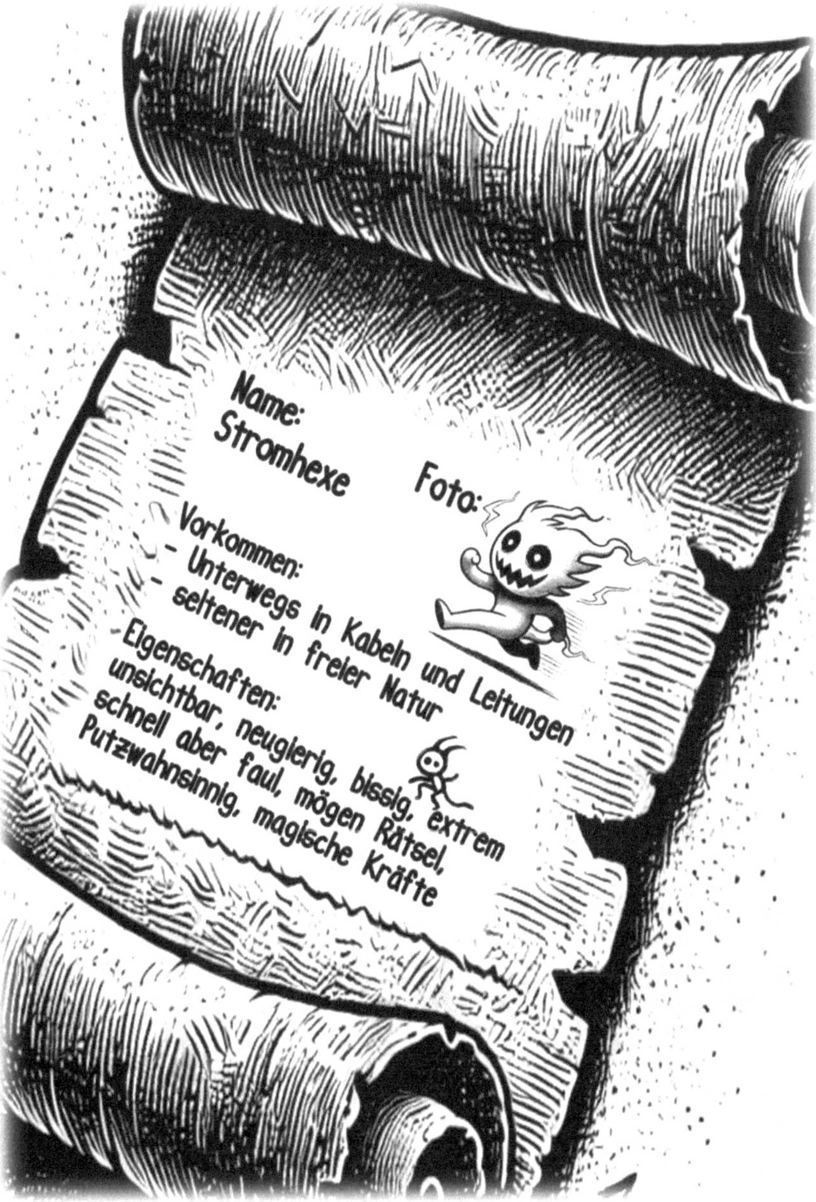
Name:
Stromhexe
Foto:
Vorkommen:
- Unterwegs in Kabeln und Leitungen
- seltener in freier Natur
Eigenschaften:
unsichtbar, neugierig, bissig, extrem
schnell aber faul, mögen Rätsel,
Putzwahnsinnig, magische Kräfte

KAPITEL 1: DIE STROMHEXEN UND DIE SPANNUNG

Lasst uns tun, was andere vor uns getan haben – die Stromhexen kennenlernen! Vielleicht hilft es uns ja, manches besser zu verstehen und unser physikalisches Verständnis zu erleichtern.

Stromhexen kommen überall vor. Sie halten sich bevorzugt in Metallen auf, weil sie sich dort leicht bewegen können. In anderen Materialien kommen sie seltener vor, da ihnen das Fortkommen dort schwer fällt. Stromhexen sind eher faul. Am meisten kriechen sie eben dort rum, wo sie sich leichter ohne viel Aufwand fortbewegen können.

Damit sie sich ohne Medium bewegen können, brauchen sie viel Energie. Diese können sie natürlich erreichen. Wenn sie die Chance haben, sich zusammenzuschließen, wenn sie neugierig gemacht werden, wenn sie dazu animiert werden… dann können sie sogar Brände in freier Luft auslösen. Wir sehen einen Blitz, wenn sie dann gemeinsam vom Himmel hinab zur Erde schießen. BÄM! Mit wilder Entschlossenheit stürzen sie sich auf einen Baum, jagen ihre Energie in das Holz und setzen ihn in Brand – ein unkontrolliertes Spektakel ihrer Zerstörungswut!

Einzeln sind die Stromhexen recht harmlos. Aber wehe, ihr lasst sie sich zusammenschließen. Dann wird es böse… auch für uns Menschen. Sie beißen wild und erbarmungslos um sich. Und viele von ihnen können großen Schaden bei uns verrichten. Kurz gesagt: Wer ihnen unvorbereitet begegnet, endet klein, schwarz und verkohlt. Daher ist es wichtig, dass wir sie verstehen, bevor wir mit ihnen umgehen möchten.

Es geht auch nicht nur darum, dass wir uns selbst und unser Leben schützen, sondern auch die Medien und Geräte, in denen wir sie einsetzen möchten.

Aber gut, möchten wir uns jetzt hier nicht weiter dran aufhalten. Wir wissen ja nun, dass sie extrem gefährlich sind, und euer Lehrer und Meister wird euch bestimmt genau erklären können, was wir alles tun müssen, um sicher mit den Stromhexen weiterleben zu können.

Also los! Was können wir aus ihnen herausholen, um unser Leben luxuriöser zu gestalten? Lasst sie uns ausnutzen lernen...

Tief in den verborgenen Adern der Welt, dort wo Metalle glänzen und unsichtbare Kräfte walten, leben die Stromhexen. Sie sind winzig kleine, unsichtbare Wesen, die sich nur dann bewegen, wenn sie einen guten Grund dazu haben. Faul und träge hocken sie in ihren Verstecken, bis jemand sie aus ihrer Lethargie reißt.

Doch wir Menschen haben eine Methode entwickelt, sie zum Fließen zu bringen: Wir erschaffen eine Spannung. Und wir müssen sie durch Leitungen lenken, denn nur so können wir ihre wilde Kraft kontrollieren. Stromhexen bevorzugen Kupfer, weil sie sich dort besonders leicht bewegen können. Doch die Leitungen sind eng, und während sie hindurchsausen, reiben sie sich aneinander und an den Wänden. Diese Reibung setzt Energie frei – und wie bei einem wilden Wettrennen, bei dem sich alle gegenseitig anrempeln, entsteht Wärme. Je mehr Stromhexen sich durch die Leitung drängen, desto größer wird diese Hitze.

Durch eine raffinierte Technik bauen wir eine elektrische Kraft auf, die den Stromhexen ein verlockendes Ziel vorgaukelt. Wir lassen sie glauben, dass am Ende des Pfades Freiheit, Abenteuer oder eine große Belohnung auf sie wartet. Und so, verlockt von dieser Illusion, erwachen die Stromhexen aus ihrer Trägheit. Sie springen auf, drängen sich dicht an dicht und warten ungeduldig auf das Zeichen zum Aufbruch.

Sobald die Spannung hoch genug ist und der Pfad zum Ziel frei ist, setzen sie sich in Bewegung. Gibt es keine Unterbrechung, strömen sie ungehindert los. Doch nicht alle Stromhexen brauchen die gleiche Menge an Spannung, um loszulegen. Einige, die besonders empfindlich sind, reagieren bereits auf eine geringe Spannung und machen sich auf den Weg. Andere sind träge und benötigen eine viel stärkere Motivation, bevor sie sich überhaupt in Bewegung setzen. Doch je höher die Spannung wird, desto größer ist die Anzahl der Stromhexen, die aufbrechen. Aber sie können nicht einfach alle gleichzeitig losrennen – sie müssen sich nacheinander in Bewegung setzen, um nicht ineinander zu geraten. Damit jeder seine Chance bekommt, müssen sie sich anpassen: Ist die vorgespiegelte Spannung höher, packt

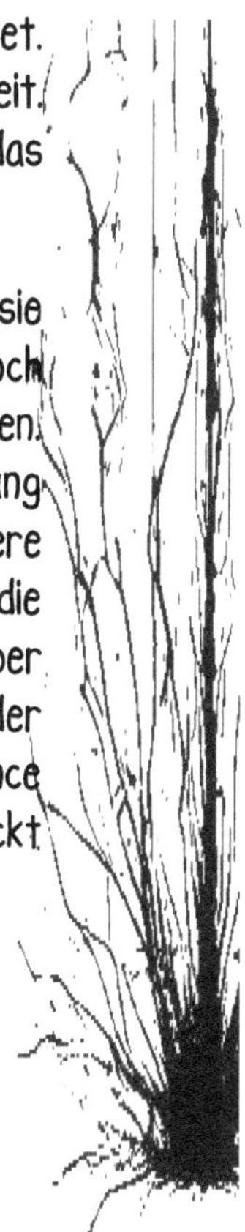

sie die Ungeduld, und sie sausen schneller los, um sich die beste Position zu sichern!

Es ist, als würde eine gewaltige Menge an Hexen auf ein Signal warten: Anfangs nur ein paar vorsichtige, dann immer mehr, bis schließlich eine ganze Flutwelle durch die Leitungen schießt. Die Stromhexen jagen los, lodernd vor Energie, bereit, jede Aufgabe zu erfüllen, die ihnen gestellt wird. Doch ohne Kontrolle würden sie unaufhaltsam durch die Adern der Welt rasen, Funken sprühen lassen und am Ende nur Chaos und Zerstörung hinterlassen – der gefürchtete Kurzschluss!

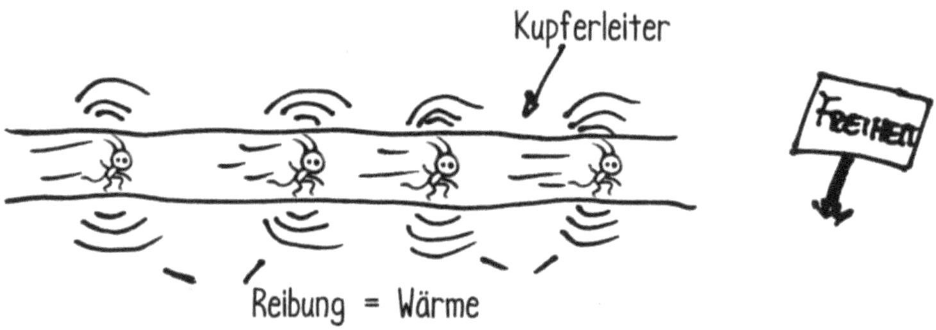

Deshalb müssen wir darauf achten, dass unsere Leitungen nicht zu heiß werden. Wenn zu viele Stromhexen gleichzeitig durch eine zu enge Leitung jagen, kann sie schmelzen – und das wäre gefährlich! Um das zu verhindern, machen wir die Leitungen dicker, wenn wir mehr Stromhexen hindurchschicken wollen.

Was aber, wenn die Spannung ganz plötzlich verschwindet? Die Stromhexen stehen nicht verwirrt herum – nein, sie wissen es sofort! Denn sie halten sich stets gegenseitig auf dem Laufenden. Mit leisen, knisternden Geräuschen flüstern sie sich in Bruchteilen von Sekunden zu, was passiert – wie eine unsichtbare Kette von elektrischen Impulsen, die durch die Leitung rast. "Stopp! Weg blockiert!" – "Kein Ziel mehr!" – "Kein Anreiz zum Laufen!" Die Nachricht verbreitet sich schneller, als das menschliche Auge blinzeln kann. Doch statt in Panik zu geraten oder verwirrt umherzuirren, bleiben die Stromhexen gelassen. Und da sie von Natur aus faul sind, tun sie das Einzige, was ihnen noch bleibt: Sie bleiben einfach stehen, verfallen in ihre Trägheit und warten, bis ihnen jemand erneut eine verlockende Richtung vorgaukelt.

Ohne Spannung gibt es keinen Anreiz mehr für sie, keinen Ruf, keine Verlockung. Dies folgt einem unumstößlichen physikalischen Prinzip: Ohne Spannung gibt es keinen elektrischen Strom. Denn was sollten die faulen Stromhexen auch tun, wenn es nichts mehr gibt, das sie antreibt? Kein Ziel, keine Belohnung – also warum sich überhaupt noch bewegen?

Und damit wir Menschen nicht versehentlich in Kontakt mit ihnen kommen, hüllen wir die Leitungen in eine schützende Isolation ein, die verhindert, dass die Stromhexen nach außen entweichen.

Und wir sind klug. Wir bestimmen genau, wie stark die Spannung sein soll, wie intensiv der Ruf an die Stromhexen ergeht. Aber keine Sorge – mit dem richtigen Wissen und ein paar Tricks haben wir Menschen gelernt, sie im Zaum zu halten! Denn nur, wenn wir sie gezielt lenken, können sie ihre Kraft sinnvoll entfalten – um Licht zu spenden, Maschinen zu bewegen und unsere Welt mit Energie zu erfüllen. Diese Lenkung erfolgt durch clevere elektrische Schaltungen, die ihnen genau vorgeben, wann sie flitzen, wo sie abbiegen und wo sie pausieren müssen. So nutzen wir ihre Energie kontrolliert, anstatt sie ziellos herumirren zu lassen.

Doch was geschieht, wenn die Spannung plötzlich ins Unermessliche steigt? Genau das passiert in Hochspannungsleitungen oder bei gefährlichen Überspannungen – die Stromhexen werden immer schneller, immer wilder, bis sie nicht mehr zu bremsen sind!

Aber auch hier kein Problem – mit dem richtigen Wissen und ein paar Tricks haben wir Menschen gelernt, sie im Zaum zu halten! Zumindest meistens... Solange sie uns nicht doch eines Tages austricksen!

KAPITEL 2: DIE BATTERIE – VOLTAS GEFÄNGNIS UND AMPERES BEFREIUNG

Tief in den dunklen Hallen der Geschichte gab es einen Mann, der als Erster verstand, wie man die Stromhexen einfangen konnte – Alessandro Volta. Mit einem klugen Trick sperrte er sie in ein magisches Gefängnis aus Metall und Chemie. Zwei unterschiedliche Metallscheiben – eine, die die Stromhexen verlockend anzog – fast wie ein großes, leuchtendes Hinweisschild, das ihnen versprach: "Hier wäre ein wunderbarer Ausgang für euch... Da geht's zur Freiheit!" Doch dann mussten sie feststellen, dass dieser verheißungsvolle Weg für sie unerreichbar blieb – sie konnten ihn nicht nutzen, weil der Weg durch die Luft viel zu anstrengend war und die Spannung nicht stark genug, um sie darüber hinwegzutragen und in Bewegung zu setzen.

Die andere Metallscheibe wirkte eher abstoßend – fast wie ein riesiges, leuchtendes Verbotsschild, das ihnen unmissverständlich klarmachte: "Halt! Kein Durchgang! Zurück mit euch!"

Doch so sehr sie auch drängelten und jammerten, dieser Weg blieb für sie versperrt.

Dazwischen lag eine magische salzige Flüssigkeit, die sie nicht direkt weiterleiten konnte, sondern ihnen stattdessen eine Illusion vorspielte: "Seht nur, dort drüben! Dort ist der wahre Ausgang, dort wartet die Freiheit!" Die Stromhexen starrten sehnsüchtig in diese Richtung, ohne zu bemerken, dass sie in die Irre geführt wurden. Der vermeintliche Ausweg lag hinter dem Verbotsschild – und sie hatten keine Möglichkeit, ihn zu erreichen. Der einzige echte Ausgang war viel zu weit entfernt, und die Spannung war nicht groß genug, um ihnen den nötigen Antrieb zu geben.

Der Weg aus dem Gefängnis raus, und von der anderen Seite wieder rein war unmöglich – sie konnten sich nicht einfach durch die Luft bewegen, denn dafür fehlte die nötige Kraft. Sie waren gefangen, voller Energie, aber ohne Möglichkeit, sie zu entfesseln – es sei denn, jemand öffnete ihnen einen geeigneten Pfad.

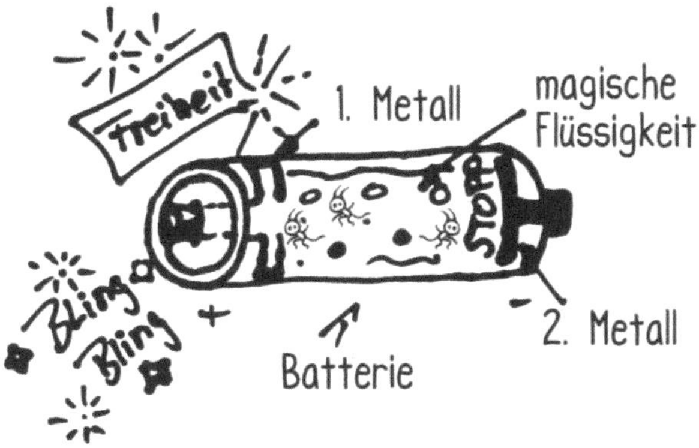

Und dann kam Ampere. Er war der große Befreier! Mit einer geschickten Verbindung ließ er die Stromhexen auf die Reise gehen. Sie stürzten sich mit Begeisterung in den Kreislauf, rannten durch die Leitungen, trieben Maschinen an und brachten Licht zum Leuchten. Doch das Gefängnis von Volta war nicht unerschöpflich. Je mehr Stromhexen entkommen durften, desto schwächer wurde die Energie in ihrer Zelle, bis schließlich keine Kraft mehr übrig war.

Aber wehe, jemand ist unvorsichtig! Wenn die Stromhexen einen direkten, ungehemmten Pfad finden – eine Abkürzung ohne Widerstand – dann brechen sie in wildem Chaos aus.

Sie rasen unkontrolliert durch die Batterie, werden immer schneller und heizen ihre Umgebung auf, bis die Wände des Gefängnisses nachgeben. Die Batterie beginnt zu schwitzen, dann zu rauchen – und schließlich bricht das Inferno los! Ein Kurzschluss! Die Stromhexen haben sich selbst entfesselt, durchbrechen die Wand und hinterlassen ein brennendes Chaos.

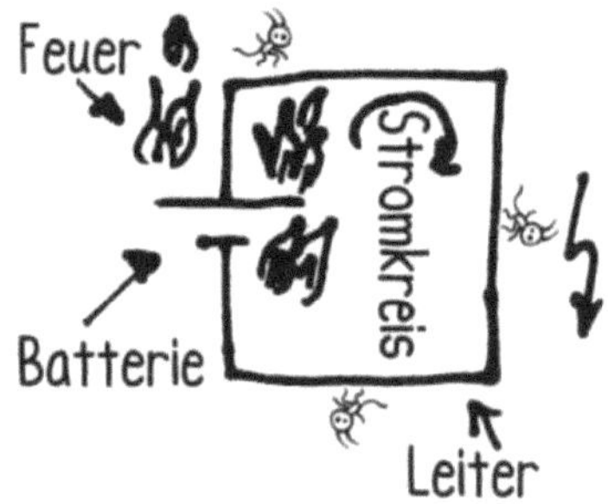

"technische Schaltung"

Die Menschen hatten jedoch gelernt, mit diesem mächtigen Werkzeug umzugehen. Sie fanden Wege, die Stromhexen gezielt zu entlassen, um Energie zu speichern und genau dann zu nutzen, wenn sie gebraucht wurde. So können Batterien nicht nur kleine Geräte, sondern ganze Maschinen und sogar Autos antreiben.

Doch in den dunklen Winkeln der Schaltungen warten immer noch die Stromhexen auf ihre Chance. Sie lauern darauf, dass jemand nachlässig wird, dass irgendwo ein kleiner Fehler sie befreit. Und wenn es passiert, wenn der Pfad unkontrolliert geöffnet wird – dann bricht das Gewitter los!

Die Batterie – ein Gefängnis, eine Energiequelle, ein Versprechen und eine Gefahr zugleich.

KAPITEL 3: DER WIDERSTAND – DAS GEHEIME LABYRINTH DER STROMHEXEN

Die Stromhexen sind wild, voller Energie und stets auf der Suche nach dem einfachsten Weg. Sie sind faul, sie wollen so schnell wie möglich ans Ziel. Doch wir Menschen haben eine Methode entwickelt, um sie zu zähmen – den Widerstand.

Stellt euch ein gewaltiges, verschlungenes Labyrinth vor, dessen Gänge eng und verwinkelt sind. Ein schmaler, dunkler Pfad, an dessen Wänden sich die Stromhexen drängen. Sobald sie hindurchströmen, wird ihr Vorwärtsdrang gebremst. Sie müssen sich durchquetschen, aneinander reiben, sich gegenseitig schieben und stoßen. Durch diese Reibung verlieren sie Energie – aber nicht einfach so. Nein, diese Energie verwandelt sich wieder in Wärme, die aus dem Labyrinth entweicht.

Je größer der Widerstand, desto enger und länger wird dieses Labyrinth. Die Stromhexen geraten ins Stocken, kämpfen sich mit Mühe durch die Gänge. Manche verlieren den Mut, werden langsamer oder bleiben stehen. Andere geben einen Teil ihrer Kraft ab, um weiterzukommen. Wenn der Widerstand aber zu groß wird, bleibt ihnen keine Wahl – sie kommen nicht mehr durch, der Strom aus Hexen versiegt.

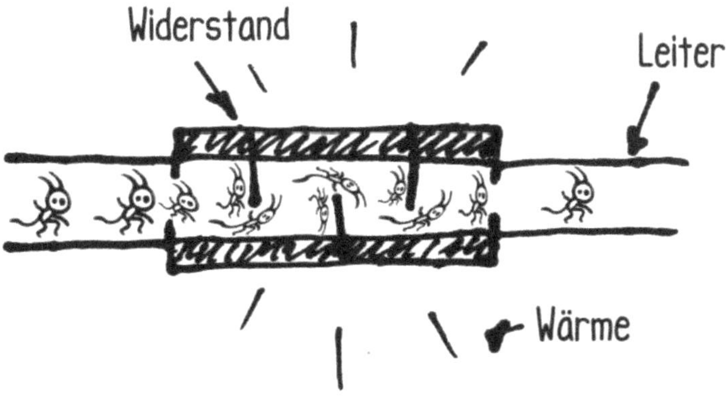

Schon der kluge Erfinder Edison erkannte, dass sich diese Eigenart der Stromhexen nutzen lässt. Er entdeckte, dass man gezielt sehr dünne Drähte in die Leitungen einbauen kann, um die Stromhexen so sehr auszubremsen, dass sie vor lauter Reibung zu glühen beginnen – das Prinzip der Glühlampe war geboren!

Doch nicht nur in Lampen macht sich der Mensch den Widerstand zunutze. Er ist in jedem elektrischen Gerät vorhanden – mal größer, mal kleiner. Jedes Betriebsmittel stellt eine Art Widerstand dar. Je mehr wir von den Stromhexen verlangen, desto mehr Energie benötigen wir von ihnen. Wollen wir zum Beispiel eine besonders helle Lampe zum Leuchten bringen, brauchen wir eine große Anzahl an Stromhexen, die ihre Energie aufbringen. Doch nicht alle Stromhexen reagieren sofort – einige sind empfindlich und folgen bereits bei geringer Spannung dem Ruf, andere sind träger und lassen sich nur mit einer höheren Spannung in Bewegung setzen.

Deshalb müssen wir den Anreiz für sie erhöhen, indem wir die Spannung vergrößern. Nur so werden auch die weniger empfindlichen Stromhexen dazu bewegt, sich in Bewegung zu setzen und ihre Energie in das Betriebsmittel zu entladen. Doch Vorsicht: Je mehr Stromhexen auf einmal durch ein Bauteil strömen, desto stärker reiben sie sich – und umso mehr Wärme entsteht im Widerstand. Deshalb müssen wir genau überlegen, wie viel Energie wir ihnen abverlangen, damit unsere Leitungen und Bauteile nicht überhitzen und Schaden nehmen! Er bewahrt unsere Geräte davor, dass zu viele Stromhexen auf einmal durch die Schaltkreise rasen und Chaos anrichten. Ein Widerstand hält die Stromhexen in Schach, lenkt sie und verhindert, dass sie unkontrolliert alles kurz und klein beißen.

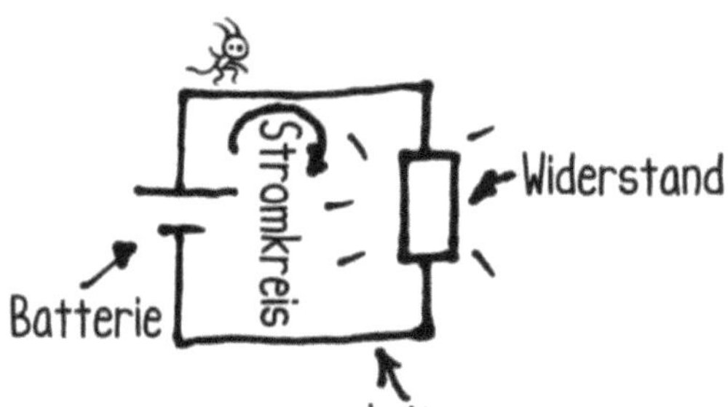

"technische Schaltung"

Wir wissen ja nun bereits, dass die Stromhexen sich beim Sausen durch die Leitungen aneinander und an den Wänden reiben. Doch was passiert, wenn die Leitung besonders lang ist? Dann verlieren die Stromhexen unterwegs langsam ihre Energie – oder besser gesagt, ihre Spannung. Sie sind anfangs noch voller Tatendrang, doch mit jeder weiteren Strecke nimmt ihre Euphorie ab. Immer weniger von ihnen kommen mit voller Kraft am Ziel an, und das Betriebsmittel, das sie antreiben sollen, funktioniert möglicherweise nicht mehr richtig.

Stellt euch das vor wie eine lange Autofahrt zur Ostsee. Am Anfang ist man voller Vorfreude, voller Energie. Doch nach mehreren Stunden auf der Autobahn wird die Reise zäh, die Begeisterung schwindet, und irgendwann möchte man nur noch ankommen. Genauso geht es den Stromhexen in einer langen Leitung – sie verlieren nach und nach ihre Motivation. Damit sie aber weiterhin mit voller Kraft ihr Ziel erreichen, müssen wir als Menschen gegensteuern.

Wie? Indem wir Maßnahmen ergreifen! Eine Möglichkeit ist es, die Spannung zu erhöhen, um den Stromhexen immer wieder neue Anreize zu geben, weiterzurasen. Eine andere Lösung besteht darin, dickere Leitungen zu verwenden, die ihnen einen leichteren Weg ermöglichen. Oder wir setzen Verstärker ein, die ihnen unterwegs einen neuen Schub verleihen. All das müssen wir beachten, wenn wir mit den Stromhexen arbeiten!

Auch wir Menschen sind für die Stromhexen ein Widerstand! Sie können – wenn die Bedingungen stimmen – sogar durch uns hindurchsausen. Zwar haben wir einen deutlich größeren Widerstand als eine Metallleitung, doch wir dürfen nicht vergessen: Stromhexen nehmen immer den einfachsten Weg.

Wenn wir eine stromführende Leitung berühren, drängeln sich die Stromhexen an der Berührungsstelle. Und ehe sie sich entscheiden, weiterzuziehen, kann ein Teil von ihnen den Weg durch unseren Körper nehmen. Denn selbst wenn unser Widerstand hoch ist – der Ruf nach Freiheit, der an unseren Füßen widerhallt, existiert dennoch. Zwar ist dieser Ruf durch die Erde schwächer als in einer richtigen Leitung, doch er ist da. Und genau das ist das Gefährliche.

Sobald mindestens 30 mA – also genug Stromhexen – innerhalb von wenigen Millisekunden durch unseren Körper schießen, kann es gefährlich werden. Denn auch wir bestehen aus leitfähigen Materialien wie Wasser und Mineralien, und unser Körper kann diese garstigen Biester nicht einfach aufhalten. Die Muskeln beginnen zu zucken, das Herz kann aus dem Takt geraten – und im schlimmsten Fall bleibt es stehen.

Damit das nicht passiert, gibt es eine wichtige Regel: Die Spannung, also die treibende Kraft der Stromhexen, sollte an unserem Körper niemals mehr als 50 Volt betragen. Denn je höher die Spannung, desto mehr Stromhexen werden angelockt und versuchen, durch uns hindurchzurasen. Bleibt die Spannung unter diesem Wert, können nicht genug Stromhexen auf einmal durch unseren Körper strömen, um gefährlich zu werden.

Deshalb achten wir darauf, mit welchen Spannungen wir arbeiten und nutzen Schutzmaßnahmen, um uns vor den Stromhexen zu bewahren!

Wisst ihr, manchmal frage ich mich, wie die Leute auf solche Ideen gekommen sind! Vielleicht so: Es war einmal ein unerschrockener Erfinder, der sich fragte: "Was wäre, wenn ich die Stromhexen einfach mit meinen bloßen Händen aufhalten könnte?" Er war ein exzentrischer Tüftler, der sich in seiner kleinen, überladenen Werkstatt, eines Abends über seinen Tisch beugte. Die einzige Lichtquelle war eine flackernde Lampe, die den Raum in ein geheimnisvolles Dämmerlicht tauchte. "Diese winzigen Biester kann ich doch bestimmt bändigen!" murmelte er entschlossen. Voller Tatendrang setzte er sich wahrscheinlich an sein Experiment. Er nahm vielleicht zwei Drähte, verband sie direkt miteinander und wollte mit eigenen Augen sehen, wie die Stromhexen durchsausten. Ein großer Fehler!

Kaum hatte er den Kontakt hergestellt, jagte eine ungebremste Flut von Stromhexen durch die Leitung. Funken flogen, der Draht begann zu glühen und ein unheimlicher Brandgeruch lag in der Luft. Der Tüftler riss sofort die Augen, war entsetzt zurück gesprungen und über eine Kiste voller Ersatzteile gestolpert. "Verdammt! Ich brauche eine Möglichkeit, sie zu zähmen!" rief er, während er sich hastig die angesengten Augenbrauen betastete.

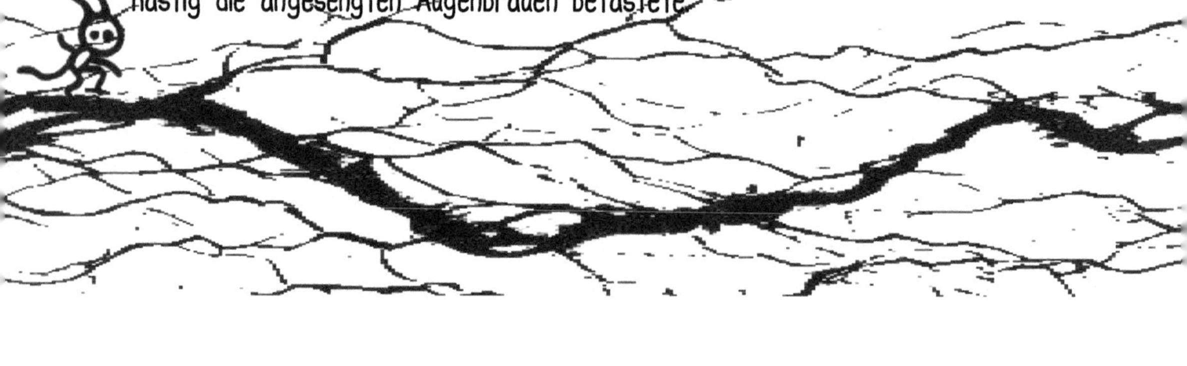

So kam er auf die Idee des Widerstands – ein Bauteil, das die Stromhexen in ihre Schranken wies und verhinderte, dass sie alles in Chaos stürzten.

Doch was passiert, wenn der Widerstand zu klein ist? Oder wenn er plötzlich wächst? Welche Auswirkungen hat das auf die Stromhexen und ihre wilde Reise?

KAPITEL 4: DER SCHALTER – DAS TOR DER MACHT

Die Stromhexen stehen bereit. Sie drängeln sich in den Leitungen, ungeduldig, voller Energie. Ihr Ziel ist immer dasselbe: das Versprechen am Ende des Pfades, das leuchtende Ziel, das ihnen Freiheit oder eine große Belohnung vorgaukelt. Doch es gibt eine entscheidende Frage: Wird das Tor sich öffnen und ihnen den Weg freigeben, oder bleiben sie gefangen, verzweifelt an der unsichtbaren Barriere rüttelnd, während ihre Energie ungenutzt verpufft?

Hier kommen wieder wir Menschen ins Spiel. Denn wir haben ein Werkzeug entwickelt, mit dem wir entscheiden können, ob die Stromhexen ihren Weg fortsetzen oder gestoppt werden. Dieses Werkzeug nennt sich: der Schalter.

Der Schalter ist wie ein gewaltiges Tor, das sich mit einem tiefen, hallenden Grollen öffnen oder mit einem lauten, metallischen Knall schließen lässt. Ist das Tor offen, gibt es keine Barriere mehr, und die Stromhexen strömen mit voller Begeisterung hindurch. Ist das Tor geschlossen, stehen sie plötzlich vor einer unsichtbaren Wand – ihr Weg ist versperrt, kein Vorankommen möglich. Sie warten, drängen, hoffen – doch ohne geöffnetes Tor bleibt ihnen der Zutritt verwehrt.

Ein einfacher Lichtschalter in einem Raum funktioniert genau nach diesem Prinzip. Ist er "aus", bleibt das Tor geschlossen, und keine Stromhexe kann die Glühlampe erreichen. Doch sobald jemand den Schalter betätigt und auf "ein" schaltet, schwingen die Tore auf – und augenblicklich rasen die Stromhexen hindurch, bringen die Glühlampe zum Leuchten und erfüllen den Raum mit Licht.

Doch Schalter gibt es in vielen Formen und Größen, je nach Einsatzgebiet und Funktion. Manche sind winzig klein, wie jene in einer Fernbedienung, die kaum spürbar betätigt werden. Andere sind groß und gewaltig, wie die riesigen Hebel in Elektrizitätswerken, die mit einem lauten "Klack" ganze Netze mit Strom versorgen oder abschalten können. Doch egal, wie sie aussehen – alle Schalter haben die gleiche Aufgabe: Sie bestimmen, wann und wo die Stromhexen ihren Weg fortsetzen dürfen.

GNTE!
GOTE
ELECTRIC SWITCH

Der Schalter ist somit ein Torwächter, ein stiller Entscheider. Ohne ihn wäre Elektrizität wild und unkontrollierbar. Doch dank dieses einfachen, aber genialen Werkzeugs liegt die Macht in unserer Hand: Mit nur einem Fingerklick können wir Licht erschaffen oder Dunkelheit walten lassen. Ein wahres Wunder der Technik!

Mit der Spannung für die Stromhexen, den Leitungen, dem Schalter und dem Widerstand haben wir einen einfachen, geschlossenen Stromkreis geschaffen. Die Stromhexen beginnen ihre Reise an der Quelle der Spannung, strömen durch die Leitungen, passieren den Schalter – wenn er geöffnet ist – und kämpfen sich durch den Widerstand. Dabei geben sie einen Teil ihrer Energie in Form von Wärme oder Licht ab, bevor sie schließlich wieder am Ausgangspunkt ankommen, bereit für den nächsten Kreislauf.

Dies ist der Beginn von etwas Größerem – mit noch mehr Erfindungen von weiteren klugen Köpfen können wir unendlich viel mehr tun, neue Technologien entwickeln und die Welt mit Elektrizität erleuchten!

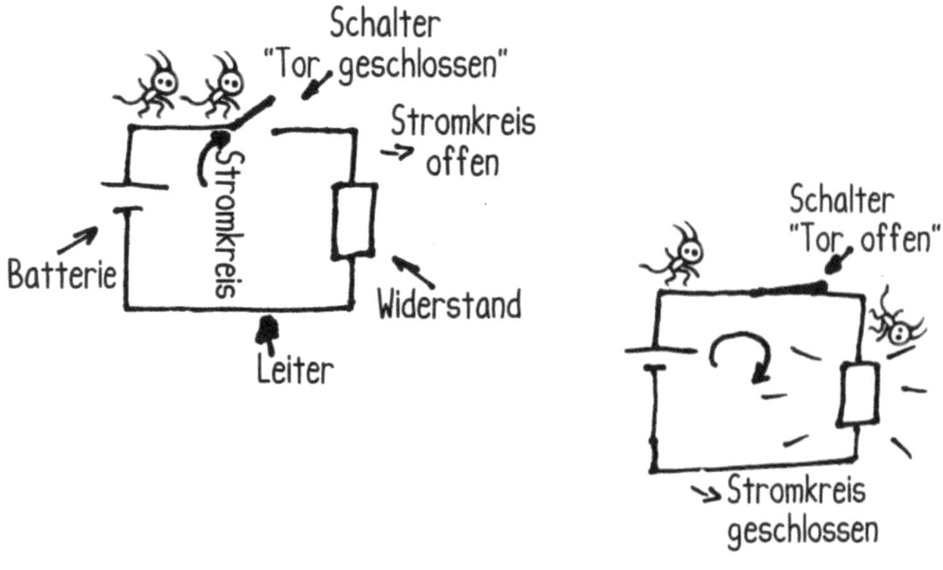

"technische Schaltung"

KAPITEL 5: DER KONDENSATOR – DAS SAMMELBECKEN DER STROMHEXEN

Die Stromhexen rasen durch die Leitungen, voller Energie und Tatendrang. Doch plötzlich stehen sie vor einer neuen, ungewöhnlichen Barriere: Zwei mächtige Metallplatten, die dicht beieinander liegen, jedoch nicht direkt miteinander verbunden sind. Die Stromhexen können nicht einfach hindurchfließen wie gewohnt – sie prallen gegen diese unsichtbare Grenze und werden abrupt gestoppt. Ihnen fehlt die Kraft, um alleine über die Lücke zu springen, denn Stromhexen sind nicht in der Lage, sich durch die Luft fortzubewegen.

Doch anstatt sich frustriert umzudrehen, beginnen sie sich zu sammeln. Eine nach der anderen drängt sich an die vordere Platte, baut sich auf, lagert ihre Energie ab. Es entsteht eine unsichtbare Spannung, eine aufgestaute Kraft, die mit jeder neuen Stromhexe wächst. Die Platte füllt sich und auf der anderen Seite – jenseits der zweiten Platte – passiert etwas Faszinierendes: Auch dort beginnt sich eine Gruppe von Stromhexen zu formieren, als würden sie von der Energie der ersten Platte magisch angezogen.

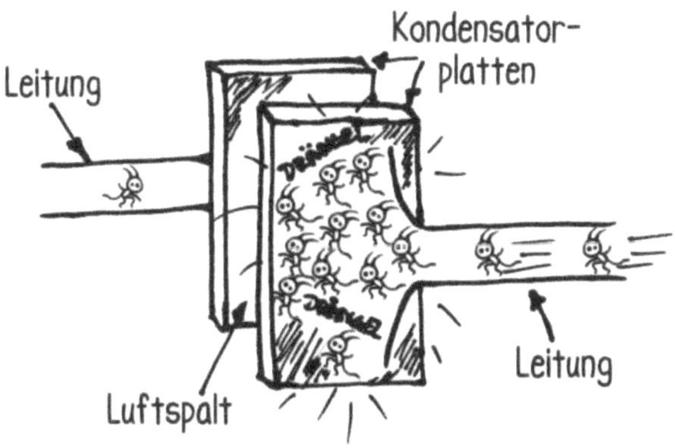

Doch es gibt eine weitere Kraft, die das Treiben der Stromhexen lenkt: Der Widerstand, den die Stromhexen bereits auf ihren Wegen kennengelernt haben. Er bestimmt, wie schnell oder langsam sie sich bewegen können, und beeinflusst damit auch, wie sich die Spannung im Kondensator aufbaut. In Kombination mit dem

Kondensator geschieht etwas Eigenartiges: Der Widerstand kann den Fluss der Hexen so verlangsamen, dass sich die Spannung sanft aufbaut und die Entladung nicht zu einem wilden Gewitter wird.

Immer mehr Stromhexen versammeln sich, bis schließlich der Moment erreicht ist: Die Spannung flirrt in der Luft, die Stromhexen beben vor Energie, ihre kleinen Körper vibrieren in heller Aufregung. Ein Funken sprüht, ein zuckendes Knistern erfüllt den Raum – und mit einem schlagartigen Entladen brechen die Stromhexen hervor wie eine entfesselte Welle, die endlich durch das Nadelöhr schießt. Mit lautem Kichern und zuckenden Funken schießen die Stromhexen aus ihrer angespannten Warteposition hervor, wirbeln durcheinander und rasen wie entfesselte Blitze ihrem nächsten Ziel entgegen. Aber kaum sind sie durch, beginnt der Zyklus von Neuem: Erst Stau, dann Spannung, dann plötzlicher Fluss. Und wenn der Widerstand zu stark ist, müssen sie geduldig sein, bis der Druck groß genug ist, um sie endlich weiterzutragen.

Zwischen den beiden Metallplatten kann auch noch etwas Unsichtbares, Geheimnisvolles liegen – das Dielektrikum. Die Menschen haben herausgefunden, dass sie die Lücke zwischen den Platten mit verschiedenen Materialien füllen können – und das verändert das Verhalten der Stromhexen auf faszinierende Weise! Manche Materialien locken die Stromhexen an wie ein verführerischer Zauber, sodass sie sich noch dichter an die Platten schmiegen und die Spannung schneller wächst. Andere wiederum wirken wie ein zäher Morast, durch den sich die Hexen mühsam hindurcharbeiten müssen, wodurch die gespeicherte Energie länger erhalten bleibt. Jedes Dielektrikum hat seine eigene geheimnisvolle Wirkung: Glas, Keramik, sogar spezielle Kunststoffe – sie alle beeinflussen, wie sich die Stromhexen verhalten und wann sie schließlich mit einem wilden, funkenstiebenden Entladen freigesetzt werden.

Es gibt eine alte Geschichte über einen neugierigen Forscher, der unbedingt herausfinden wollte, wie viele Stromhexen man an einem Ort sammeln kann. In seinem staubigen Labor stellte er eine riesige Metallplatte auf, legte eine zweite Platte nur ein winziges Stück entfernt und begann, Stromhexen hineinzulocken. "Kommt nur her, ihr kleinen Teufelchen! Ich werde euch alle sammeln!" lachte er triumphierend, während er die Spannung immer weiter steigerte. Zunächst funktionierte sein Plan perfekt. Immer mehr Stromhexen drängten sich an der vorderen Platte zusammen, ein wahres Gedränge entstand. Doch der Forscher wusste nicht, dass die Hexen auf der anderen Seite bereits genauso unruhig wurden. Und dann geschah es: Mit einem ohrenbetäubenden Knall entlud sich die gesammelte Energie auf einen Schlag! Ein greller Blitz zuckte durch das Labor, seine Haare standen ihm zu Berge und voller Schreck rannte er hinter seinen Schreibtisch. Als er vorsichtig hervorlinste, sah er nur noch Rauch und eine verkohlte Laborkittel-Ecke. "Na gut... Vielleicht sollte ich sie doch nicht ALLE sammeln...", murmelte er und begann, seine Notizen für den ersten Kondensator niederzuschreiben.

Menschen haben diese Technik erfunden, um Strom zu speichern und dann blitzschnell freizugeben. Ein kluger Kopf namens Ewald Georg von Kleist erkannte, dass man auf diese Weise elektrische Energie kurzzeitig festhalten kann – wie eine Art Blitzfänger, der die Kraft der Stromhexen erst sammelt, um sie dann gebündelt loszuschicken.

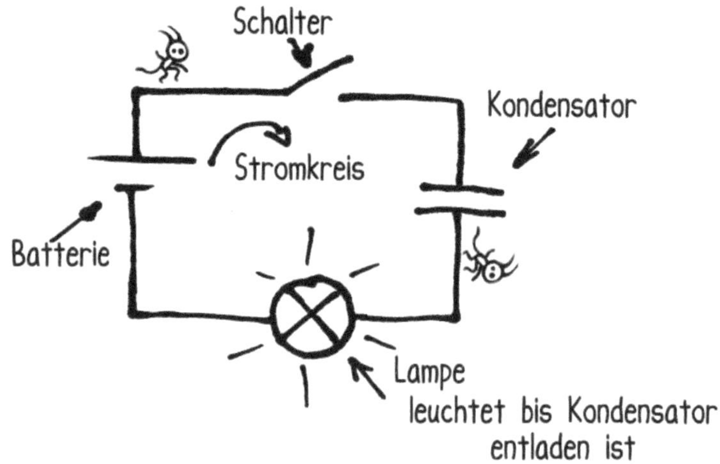

"technische Schaltung"

Kondensatoren finden sich überall in der modernen Welt: In Kameras, um den Blitz aufzuladen und dann explosionsartig auszulösen, in Lautsprechern, um Klangsignale zu glätten, oder in Computern, um Schwankungen auszugleichen. Sie sind die Hüter der elektrischen Ladung, die geheimen Speicherorte der Stromhexen, die sie immer wieder aufs Neue herausfordern: Sammeln, warten, losstürmen!

So zeigt sich einmal mehr: Die Menschen haben es geschafft, den wilden Stromhexen nicht nur Wege vorzugeben, sondern sie auch für ihre Zwecke zu bändigen. Mit jedem neuen Bauteil – vom Widerstand über den Schalter bis zum Kondensator – wächst die Kontrolle über ihre unbändige Kraft. Und wer weiß, welche Erfindung als Nächstes kommt?

KAPITEL 6: DIE SPULE – DIE LOOPINGBAHN DER STROMHEXEN

Die Stromhexen flitzen durch die Leitungen, voller Elan und Tatendrang. Normalerweise strömen sie geradewegs dahin, aber die Menschen haben eine neue, raffinierte Struktur erschaffen: die Spule. Sie besteht aus vielen, eng gewickelten Windungen eines Drahtes, die zu einer kompakten Spirale aufgerollt sind. Doch was macht sie so besonders?

Bereits als wir Menschen, klug und neugierig wie wir sind, Stromhexen durch einen einfachen Draht jagten, machten wir eine erstaunliche Entdeckung: Hans Christian Ørsted fand heraus, dass die Stromhexen eine geheimnisvolle, schimmernde Aura hinter sich herzogen, ein unsichtbares, aber mächtiges Kraftfeld, das den Raum um sie herum zu verzaubern schien – ein magnetisches Feld! Es war, als würden sie beim Vorbeihuschen eine unsichtbare Spur in den Raum zeichnen. Je mehr Stromhexen unterwegs waren, desto stärker wurde diese geheimnisvolle Kraft – denn mit jeder zusätzlichen Stromhexe wuchs das Magnetfeld, das sie erzeugten, und breitete sich wie unsichtbare Wellen durch den Raum aus.

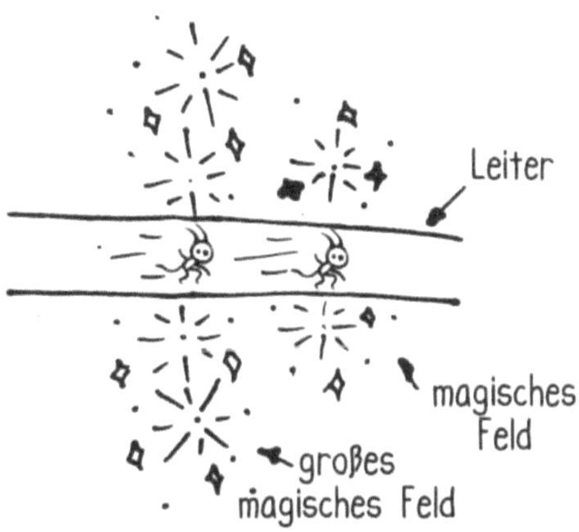

Doch in einer Spule wird dieses Phänomen noch verstärkt! Hier dürfen die Stromhexen keine gerade Strecke mehr laufen, sondern sausen in engen Kreisen – Looping für Looping. Sie lieben es! Jeder einzelne Schwung verstärkt das Magnetfeld, das sich wie ein unsichtbarer Kokon um die gesamte Spule legt. Mit jeder Runde, die sie voller Freude drehen, weben sie das magnetische Feld dichter, verstärken seine unsichtbare Kraft. Jede zusätzliche Stromhexe fügt ihrer magischen Spirale noch mehr Energie hinzu, bis es fast so wirkt, als würde die Luft um die Spule flimmern vor aufgeladener Spannung. Die Stromhexen selbst scheinen einen Moment lang über ihre eigene Kraft zu staunen, ihr Wirbeln verstärkt sich in freudiger Ekstase, als wollten sie das Glücksgefühl des wilden Loopings festhalten.

Aber in dieser Verzückung vergessen sie für einen Wimpernschlag ihr eigentliches Ziel – und so geschieht es, dass eine Leuchte, die erst nach der Spule liegt, mit einem winzigen Augenblick Verzögerung aufleuchtet. Diese Verzögerung entsteht, weil das magische Feld den Stromhexen weiter von großen Abenteuern und grenzenloser Freiheit in der Spule selbst erzählt. Es spinnt ihnen Geschichten von endlosen Möglichkeiten, lässt sie träumen und hält sie sanft zurück, als wolle es sie noch ein wenig länger in seinem Bann behalten, bevor sie ihren Weg fortsetzen.

Doch dann geschieht etwas Unerwartetes: Sobald die Stromhexen abgebremst werden oder wir einen Schalter öffnen und das Tor, wie in Kapitel 4 beschrieben, die Stromhexen nicht weiterziehen lässt, wollen sie das nicht einfach hinnehmen. Ihr eigenes, mächtiges Magnetfeld bäumt sich auf, als würde es mit aller Kraft versuchen, den Stromhexenfluss aufrechtzuerhalten. Es flackert, tobt und ruft nach neuen Stromhexen, um den alten Zustand zurückzuerlangen. Und tatsächlich – wie aus dem Nichts erscheinen frische, entschlossene Stromhexen, die sich in die Bahn werfen, angetrieben von dem unbändigen Wunsch, das Glücksgefühl des ungehinderten Flitzens durch die Windungen der Spule zurückzuholen. Diese geheimnisvolle Eigenschaft nennen wir Menschen "Selbstinduktion" – eine magische Reaktion der Spule auf Veränderungen, die dafür sorgt, dass der Stromfluss nicht einfach versiegt, sondern mit neuer Kraft wieder erwacht, als hätten sie sich aus einer verborgenen Quelle neu formiert, bereit, erneut durch die Windungen zu wirbeln – doch nicht für immer!

Nur für einen kurzen Moment wirbeln sie voller Entschlossenheit weiter, als wollten sie sich der Dunkelheit widersetzen. Doch ihr glühender Eifer schwindet mit jeder Sekunde, ihre Leuchtkraft verblasst allmählich, bis sie schließlich müde und kraftlos in der Spule verharren. Dies liegt daran, dass ein Teil ihrer Energie durch den Widerstand des Drahtes als Wärme verloren geht und das magnetische Feld der

Spule allmählich schwächer wird – ein natürlicher Prozess, der als Energieverlust durch Induktionswiderstand bekannt ist.

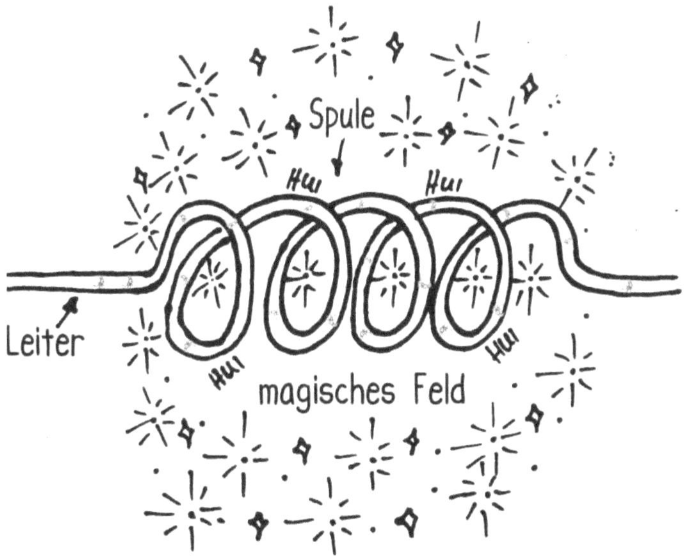

Das nutzen die Menschen klug aus: Sie setzen Spulen überall ein, wo magnetische Felder helfen, Energie zu speichern, Ströme zu lenken oder zu transformieren. Elektromotoren, Transformatoren oder Lautsprecher – überall wirken die Spulen als Verstärker der elektrischen Kraft. Die Stromhexen drehen unermüdlich ihre Kreise, erzeugen neue Energie aus Veränderung und machen sich die unsichtbaren Felder zunutze.

Genau diese Eigenschaft in der Spule wird auch von den Menschen genutzt, um Spannungsspitzen abzufangen. Manchmal übertreiben es die Stromhexen mit ihrer Spannung – ihr Antrieb wird so groß, dass sie förmlich aus den Leitungen herausspringen wollen! Wenn zu viele von ihnen gleichzeitig losstürmen oder abrupt gestoppt werden, entsteht ein wildes Durcheinander, das den gesamten Stromfluss ins Chaos stürzen könnte. Doch das magische Feld der Spule hält sie in seinem sanften Griff, besänftigt sie mit verheißungsvollen Geschichten von weiteren Abenteuern und leitet ihre überschüssige Energie um, sodass sie sich geordnet und sicher weiterbewegen können.

Doch die Magie der Spule lässt sich auch umkehren! Statt dass die Stromhexen das Magnetfeld erschaffen, kann ein Magnet sie selbst in Bewegung versetzen – und das wird in einer besonderen Taschenlampe genutzt.

Stell dir vor, eine kleine Gruppe Stromhexen wartet im Inneren der Lampe, eingesperrt in einem Kondensator, hungrig nach Bewegung. Doch anders als sonst gibt es keine externe Kraftquelle, die sie antreibt – nur eine Spule und ein freier, ungebundener Magnet. Sobald die Lampe geschüttelt wird, beginnt dieser Magnet, durch die Windungen der Spule zu fliegen, als wäre er ein entfesselter Zauberer. Mit jeder Vorwärts- und Rückwärtsbewegung durch das Spulenlabyrinth wirbelt er das magnetische Feld auf – und plötzlich spüren die Stromhexen seine unsichtbare Macht!

Sie erwachen aus ihrer Lethargie, als der Magnet mit jeder Bewegung durch die Spule eine unsichtbare Macht entfaltet. Doch diesmal ist es nicht einfach nur eine Kraft – es ist eine Stimme, eine Verlockung, die ihnen von Abenteuern und grenzenloser Freiheit erzählt. Während er durch die Windungen rast, flüstert er von fernen Welten, von unentdeckten Pfaden am Ende der Leitung. Die Stromhexen lauschen, ihre Neugier erwacht, und mit jeder neuen Bewegung des Magneten wächst das Versprechen. Je stärker die Lampe geschüttelt wird, desto verführerischer erscheinen die Geschichten, die ihnen von der anderen Seite der Leitung zugerufen werden. Die Sehnsucht erfasst sie, sie werden unruhig, drängen sich zusammen, bereit, den Sprung zu wagen. Die Spannung in der Spule schwillt an, ein Knistern liegt in der Luft – bis sie schließlich nicht mehr widerstehen können. Mit einem Freudenschrei stürzen sie los, um ihre gespeicherte Energie freizusetzen, auf der Suche nach dem, was jenseits der Spule liegt. Mit wachsender Begeisterung sammeln sie sich im Kondensator, wo sie ihre Energie konzentrieren. Dann endlich ist der Moment gekommen: Der Schalter öffnet sich, und die Stromhexen schießen mit einem Freudenschrei durch die Leitung, um die kleine, wartende LED-Lampe zum Leuchten zu bringen. Jedes Schütteln des Magneten wirbelt neue Stromhexen auf, die sich ansammeln, auf ihren nächsten großen Moment wartend.

Genau dieses Prinzip wird in großen Generatoren genutzt, wo riesige Magnete und Spulen gemeinsam arbeiten, um Stromhexen in Bewegung zu versetzen. Ob in Kraftwerken, Fahrraddynamos oder Windturbinen – überall nutzen Menschen diese

Technik, um aus mechanischer Bewegung elektrische Energie zu gewinnen und nutzbar zu machen. Die mechanische Energie des drehenden Magneten wird dabei in elektrische Energie umgewandelt, sodass ganze Städte mit Energie versorgt werden können.

Es zeigt sich: Die Spule kann nicht nur Stromhexen antreiben – sie kann auch selbst Energie aus Bewegung gewinnen und speichern. Eine wahre Meisterleistung der Menschen, die die unbändige Kraft der Stromhexen in immer raffiniertere Bahnen lenken!

So lernen die Menschen immer mehr, die wilden Stromhexen zu zähmen und ihre Eigenschaften gezielt einzusetzen. Und während die kleinen Stromhexen begeistert durch die Windungen sausen, erschaffen sie unbewusst eine der wichtigsten Grundlagen der modernen Elektronik – die Magie der Induktion!

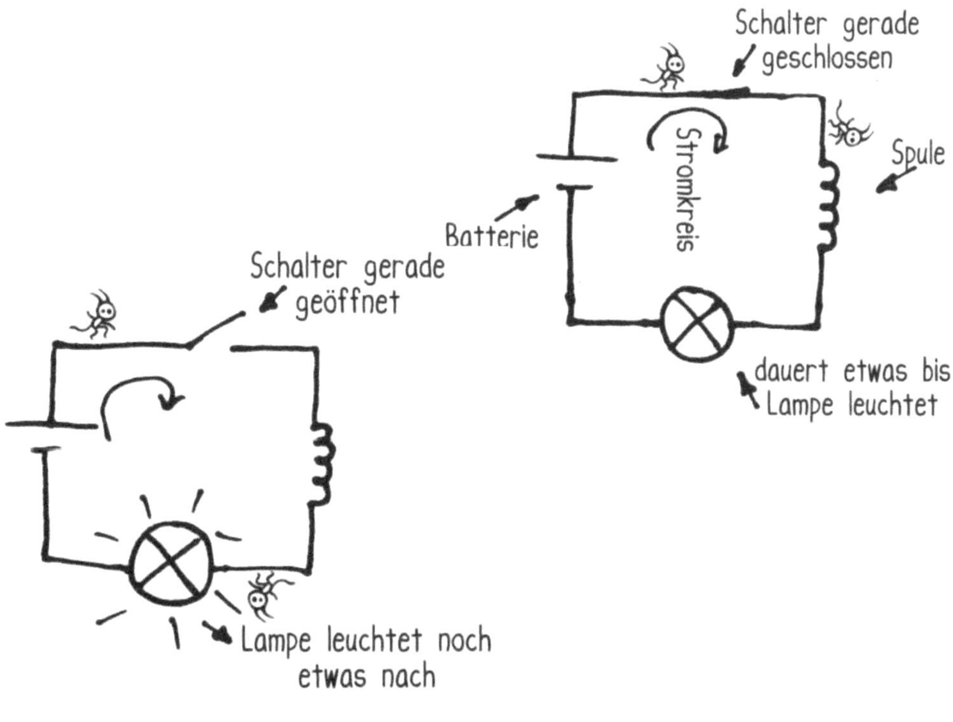

"technische Schaltung"

KAPITEL 7: DIE DIODE – DER MAGISCHE EINWEGTUNNEL

Die Stromhexen sind voller Energie und Tatendrang. Doch nicht immer dürfen sie in alle Richtungen flitzen, wie es ihnen beliebt. Wir Menschen haben eine neue, raffinierte Erfindung gemacht: die Diode! Sie gleicht einem geheimnisvollen Einwegtunnel, der den Stromhexen den Weg nur in eine einzige Richtung erlaubt.

Wenn die Stromhexen von der richtigen Seite kommen, öffnet sich der Tunnel wie von Zauberhand und sie können ungehindert hindurchsausen. Doch wehe, sie versuchen es von der anderen Seite! Dann stoßen sie gegen eine unsichtbare Barriere – eine magische Kraft, die sie nicht durchlässt, egal wie sehr sie es versuchen. Dies liegt daran, dass hier der sogenannte Sperrstrom wirkt, der den Rückfluss der Stromhexen verhindert und sie mit unsichtbarer Macht zurückstößt. Sie prallen ab, taumeln zurück und müssen sich einen anderen Weg suchen.

Doch es gibt eine berühmte Geschichte aus der Welt der Stromhexen: Eines Tages hatte eine besonders schlaue Stromhexe eine kühne Idee. "Warum sollte ich mich an diese dummen Regeln halten?" dachte sie. Sie zog sich einen dunklen Umhang über und schlich sich vorsichtig an die Einbahnstraße heran. "Vielleicht kann ich mich einfach hindurchmogeln!" flüsterte sie sich selbst zu und kicherte. Voller Zuversicht stürmte sie in die verbotene Richtung. Doch in genau diesem Moment entfaltete sich die unsichtbare Barriere mit aller Macht! Mit einem lauten ZONG! wurde die schlaue Stromhexe rückwärts geschleudert, vollführte mehrere Saltos in der Luft und landete mit einem dumpfen Plumps! auf dem Boden. Ihre Haare standen zu Berge und leicht benommen murmelte sie: "Uff... okay... vielleicht doch keine so gute Idee."

ZONG
ONE-
WAY
ZONG!
ZONG!
ZONG!

Wir Menschen haben sogar eine kleine Warnung an den Eingang des Tunnels gesetzt: ein Einbahnstraßenschild! Sollte eine besonders ungestüme Stromhexe versuchen, sich dennoch durch die verbotene Richtung zu zwängen, könnte ihr Schicksal besiegelt sein – sie verliert ihre Energie und bleibt kraftlos zurück. Ihre magische Reise endet abrupt.

Doch die Diode ist noch trickreicher! Ihre Tür öffnet sich nicht einfach für jeden, der es versucht. Die Stromhexen brauchen genug Ansporn, eine gewisse Spannung, damit der magische Tunnel überhaupt aktiv wird. Ist die Spannung zu gering, bleibt der Tunnel fest verschlossen und die Stromhexen stehen ratlos davor, unfähig weiterzukommen. Erst wenn die Spannung groß genug ist, hebt sich die Barriere und sie können passieren. Doch nicht jede Diode öffnet sich bei derselben Spannung – je nach Bauart und Material benötigt sie eine bestimmte Mindestspannung, die sogenannte Durchlassspannung, um die Stromhexen hindurchzulassen.

Aber Vorsicht! Wenn wir Menschen die Spannung zu hoch wählen, gerät das Gleichgewicht durcheinander. Der magische Einwegtunnel kann der gewaltigen Flut nicht standhalten – die unsichtbare Schranke bricht zusammen! Dann schießen die Stromhexen ungebremst hindurch, viel zu viele auf einmal. Die magische Struktur der Diode kann dabei schweren Schaden nehmen und der Tunnel funktioniert vielleicht nie wieder wie zuvor. Dies entspricht dem physikalischen Phänomen der Überspannung oder dem Durchbruch der Diode, bei dem die Barriere endgültig versagt und der Strom unkontrolliert hindurchströmt.

Wir Menschen nutzen diese Eigenschaft weise. Mit Dioden können wir steuern, wohin die Stromhexen fließen dürfen und wo nicht. So verhindern wir, dass sie in die falsche Richtung sausen und ungewolltes Chaos anrichten. In Netzteilen sorgen Dioden dafür, dass elektrische Energie nur in die richtige Richtung fließt, in Radios trennen sie wichtige Signale voneinander, und in vielen weiteren Geräten helfen sie, dass alles nach Plan läuft.

So haben wir mit diesem kleinen, unscheinbaren Bauteil eine mächtige Regel aufgestellt: Die Stromhexen dürfen nicht immer tun, was sie wollen – manchmal müssen sie sich an unsere Einbahnstraßen halten!

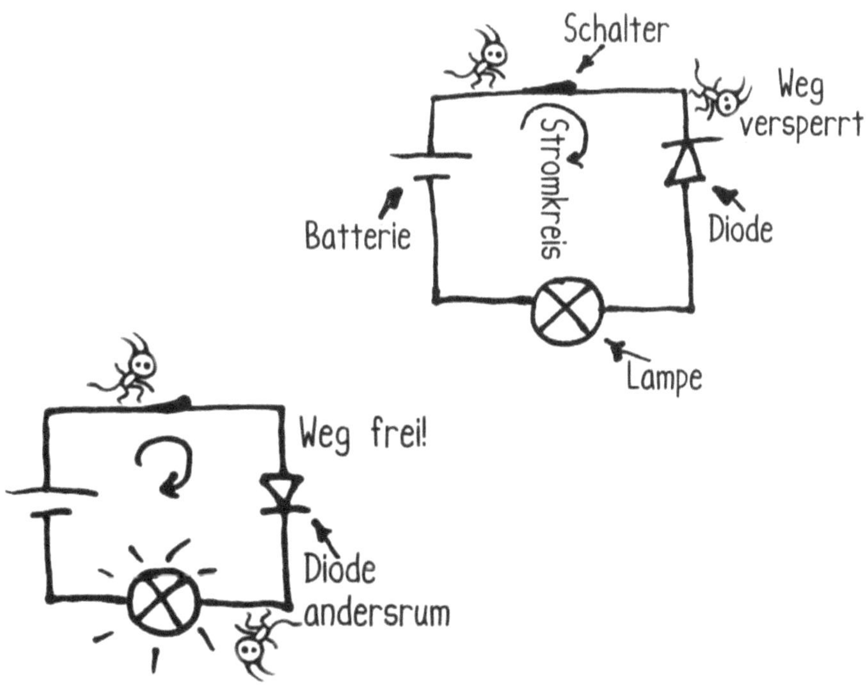

"technische Schaltungen"

KAPITEL 8: DAS RELAIS – DIE RIESIGE HEBELMASCHINE

Die Stromhexen kennen viele Wege und Tücken in ihren Bahnen. Doch nun treffen sie auf eine wahrhaft gewaltige Erfindung der Menschen – das Relais! Es ist wie eine riesige, geheimnisvolle Hebelmaschine, die mit magischer Präzision über ihre Reise entscheidet.

Stellt euch die Spule aus Kapitel 5 vor, in der die Stromhexen voller Freude ihre Loopings drehen. Ein kluger Kopf namens William Sturgeon entdeckte, dass sich das magische Feld, das die Stromhexen dabei erzeugen, verstärken lässt, wenn man ein Stück Eisen in die Spule steckt! Solange die Stromhexen durch die Spule sausen, bleibt der Eisenkern im Inneren magnetisch. Ihre aufgeregte Bewegung erzeugt ein starkes, magisches Magnetfeld, das den Hebel, den sogenannten Anker, anzieht und festhält. Sobald der Hebel kippt, wird ein Kontakt im Relais geschlossen – wie ein magisches Tor, wie wir es aus Kapitel 3 kennen, das sich plötzlich öffnet.

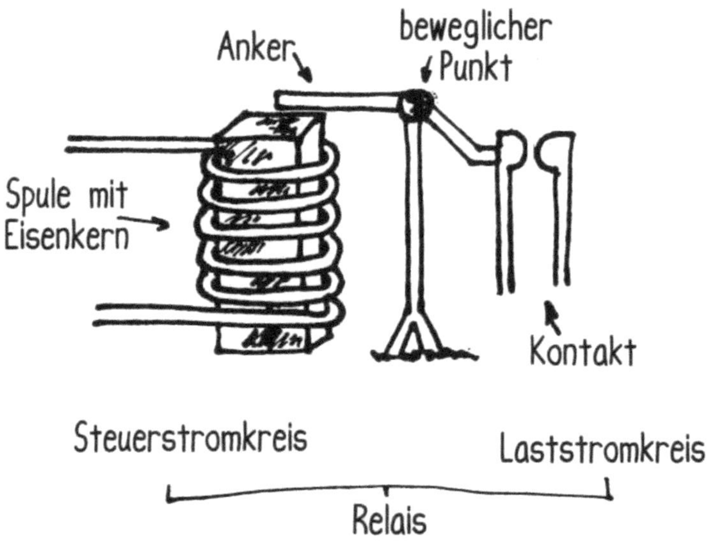

An diesen Kontakt im Relais, der von dem Hebel betätigt wird, können wir den zweiten Stromkreis, den Laststromkreis, anschließen. Wenn nun dieser Kontakt durch den Anker geschlossen wird, öffnet sich das magische Tor für die Stromhexen im zweiten Stromkreis. Dadurch wird der Laststromkreis mit einer mächtigen Stromhexenquelle verbunden und eine große Menge von ihnen kann nun ungehindert hindurchströmen. Diese schießen nun durch den neu geöffneten Pfad und treiben Motoren, Lampen oder andere Geräte an. Doch dieser Kontakt bleibt nur solange geschlossen, wie das Magnetfeld der Spule den Hebel angezogen hält.

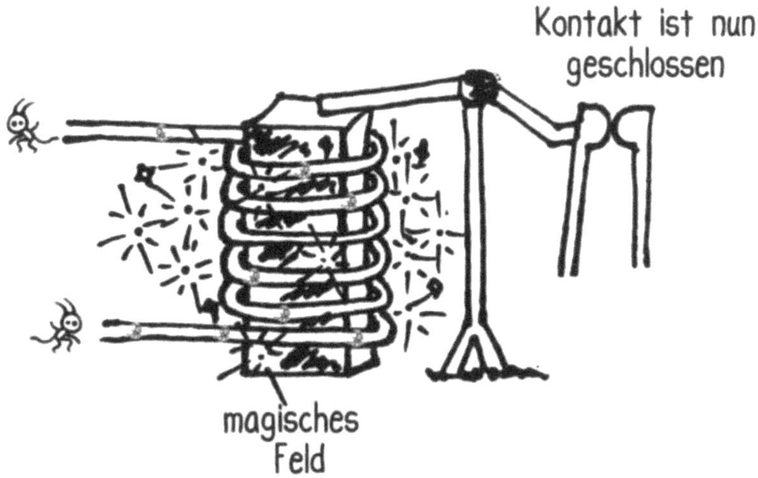

Doch wehe, die Stromhexen verlieren ihre Spannung! Wird der Stromkreis unterbrochen, verschwinden sie nach kurzer Zeit aus der Spule – und mit ihnen auch ihre magische Kraft. Der Eisenkern, der zuvor noch voller Energie war, verliert schlagartig seine Anziehungskraft. Wie eine Feuerstelle ohne Holz erlischt das Magnetfeld, das zuvor den Hebel angezogen hielt. Der Anker fällt in seine Ausgangsposition zurück.

So können wir Menschen mit wenigen Stromhexen eine riesige Kraft kontrollieren! Genau das nutzt das Relais! Eine kleine Gruppe von Stromhexen im Steuerstromkreis saust durch die Spule und verstärkt ihr magisches Feld so sehr, dass es einen Hebel, den sogenannten Anker, anzieht. Durch diesen Trick können wenige

Stromhexen im Steuerstromhexenkreis eine viel größere Menge im Laststromhexenkreis lenken, ohne sich selbst in Gefahr zu bringen!

Hier kommen zwei getrennte Bereiche ins Spiel: der Steuerstromhexenkreis und der Laststromhexenkreis. Diese beiden Kreise sind nicht direkt miteinander verbunden, sondern durch das Relais voneinander getrennt – eine sogenannte galvanische Trennung. Das schützt empfindliche Steuerkreise vor hohen Lastströmen und verhindert, dass gefährliche Spannungen aus dem Nachbarkreis in den Steuerbereich eindringen. Das bedeutet, dass die Stromhexen aus dem Steuerkreis niemals direkt in den Lastkreis übertreten können. Stattdessen nutzen wir das magische Feld der Spule, um den Hebel zu betätigen und so den Laststromhexenkreis zu steuern.

Der Steuerstromhexenkreis ist wie ein kleiner, geschützter Pfad für die Stromhexen. Hier fließen nur wenige von ihnen, kontrolliert und sicher. Wir Menschen nutzen diesen kleinen Kreis, um das Relais zu beeinflussen, ohne selbst in Gefahr zu geraten. Denn die wenigen Stromhexen in diesem Steuerkreis haben nicht genug Kraft, um uns ernsthaft zu verletzen. Sie helfen uns lediglich, Befehle zu geben und den Hebel in Bewegung zu setzen.

Der Laststromhexenkreis hingegen ist eine ganz andere Welt. Hier rasen die Stromhexen in riesigen Schwärmen durch die geöffnete Bahn, mit ungebremster Kraft. Diese Menge an Stromhexen kann gefährlich sein – sie tragen eine enorme, bissige Energie mit sich, die uns ernsthaft verletzen oder gar zerstören könnte. Doch dank des Relais bleibt dieser Bereich für uns unberührt. Wir stehen sicher auf der Seite des Steuerkreises und müssen nie direkten Kontakt mit den wilden Strömen aufnehmen.

Das Relais wirkt für die Stromhexen wie ein verborgenes Kommando. Sie bemerken kaum, dass eine kleine Gruppe von ihnen eine viel größere Bewegung auslöst. Plötzlich dürfen nicht nur die wenigen mutigen Stromhexen, die das Feld erschaffen, ihren Weg fortsetzen – nein, eine ganze Flut an Stromhexen wird freigelassen, die nun durch den neu geöffneten Pfad sausen. Es ist, als hätten sie eine geheime Schleuse geöffnet, die zuvor fest verschlossen war!

Wir Menschen haben diese Hebelmaschine erschaffen, um mächtige Stromflüsse mit nur wenigen Stromhexen zu kontrollieren. So können wir mit kleinen Schaltströmen riesige Maschinen steuern, ohne selbst große Energie aufwenden zu müssen.

Ob in Motoren, Signalanlagen oder Steuerungen – das Relais hilft uns, mit der magischen Kraft der Stromhexen unsere Welt noch effizienter zu gestalten!

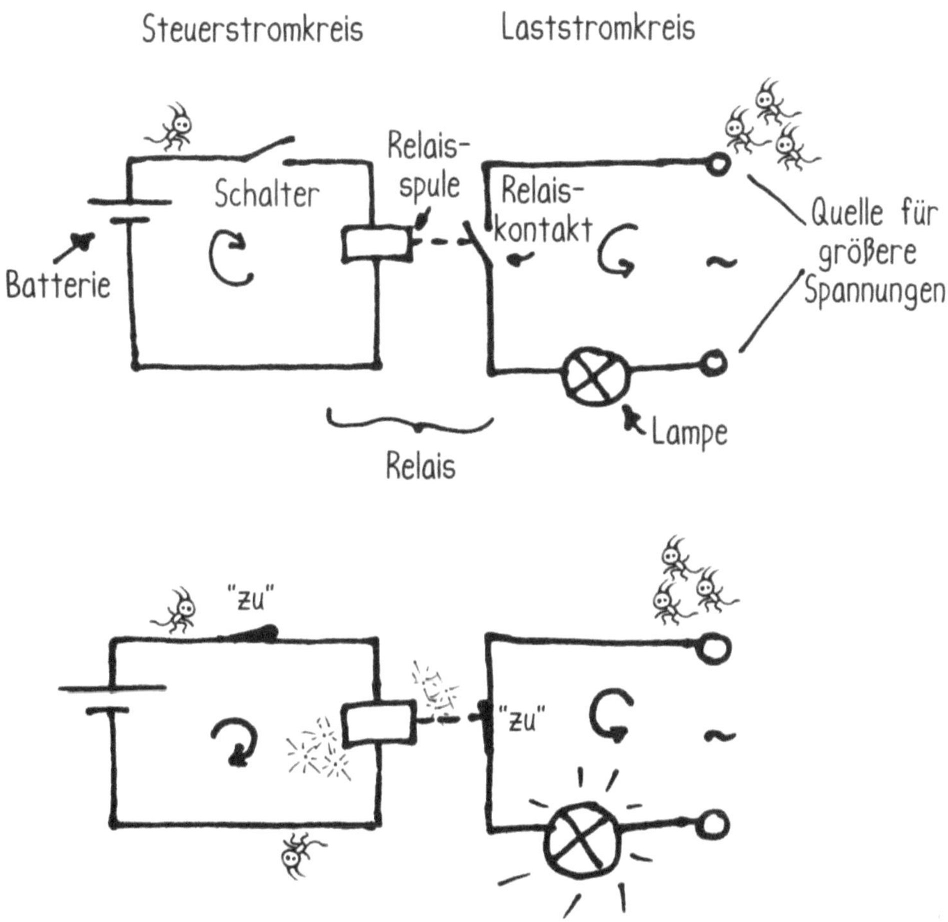

"technische Schaltungen"

KAPITEL 9: DAS SCHÜTZ – DER GROßE BRUDER DES RELAIS

Nachdem die Menschen das Relais gemeistert hatten, wollten sie noch größere Ströme mit den Stromhexen sicher steuern. Doch wer wagte sich an eine solch kühne Erfindung? Man erzählt sich, dass tief in einem geheimen Labor ein mysteriöser Tüftler, ein brillanter Erfinder mit einer unstillbaren Neugier, mit den Stromhexen experimentierte. Er war nicht zufrieden mit dem Relais – es war ihm zu klein, zu schwach. Er wollte etwas Gewaltigeres erschaffen! Unter flackerndem Licht, umgeben von Funken und geheimnisvollem Summen, arbeitete er an einem noch mächtigeren Gerät: dem Schütz!

Das Schütz ist so gebaut, dass es extrem belastbar ist. Seine Kontakte bestehen aus widerstandsfähigen Materialien wie Silberlegierungen, die hohen Temperaturen und Abnutzung standhalten. Zudem sind seine Spulen und für kommende magische Magnetfelder so konstruiert, dass sie über lange Zeit stabil bleiben, selbst wenn gewaltige Mengen an Stromhexen hindurchströmen. Doch anders als das Relais hat es nicht nur einen einzigen Kontakt – nein! Es besitzt gleich drei Laststromkontakte, durch die gewaltige Mengen an Stromhexen fließen können. Diese Kontakte sind speziell verstärkt, um den hohen Strömen standzuhalten, die durch Maschinen und Motoren toben. Zusätzlich gibt es Hilfskontakte – kleine, schlaue Helfer, die wie Späher fungieren. Sie geben Rückmeldung darüber, ob das Schütz tatsächlich aktiviert wurde oder nicht und ermöglichen es, weitere Steuerungen oder Signale auszulösen. So kann das Schütz nicht nur Maschinen einschalten, sondern auch sicherstellen, dass sie richtig arbeiten.

Doch der Tüftler gab sich nicht zufrieden. "Größer! Mächtiger! Unaufhaltsam!" rief er in seinem dunklen Labor und setzte weitere Spulen, stärkere Kontakte und noch massivere Magnetfelder ein. Funken sprühten, als er das gigantische Schütz aktivierte. Die Stromhexen schossen mit unaufhaltsamer Kraft durch die Kontakte, das Labor vibrierte unter der gewaltigen Energie.

Plötzlich begann das Schütz zu surren, zu knistern – und dann mit einem krachenden BLITZ explodierte die riesige Maschine in einer Wolke aus Rauch und umherwirbelnden Zahnrädern. Der Tüftler, rußgeschwärzt und mit zerzaustem

BLITZ!
SCHULZ

Haar, sah sich um. "Vielleicht... war das ein bisschen zu viel des Guten!" rief er und hustete, während er sich aus dem Chaos befreite.

So lernten die Menschen, dass das Schütz zwar stark und unaufhaltsam sein kann, aber dennoch kontrolliert werden muss. Heute wird es genutzt, um gewaltige Maschinen sicher zu schalten und elektrische Ströme zu lenken, ohne dass jemand in direkten Kontakt mit den wilden Stromhexen geraten muss. Denn eines ist sicher: Ein unkontrolliertes Schütz kann mehr Chaos anrichten als ein entfesselter Zauber!

Das Schütz ist nicht nur ein kraftvolles Werkzeug, sondern ein echter Meister der Kontrolle. Es kann gewaltige Mengen an Stromhexen sicher durch seine Kanäle lenken, als wäre es ein geschickter Dirigent eines wilden Orchesters. Selbst unter Hochspannung bleibt es standhaft und sorgt dafür, dass die Stromhexen ihre Energie gezielt entfalten, ohne Schaden anzurichten.

Wie ein mächtiger Wächter sorgt es dafür, dass die Stromhexen nicht aus der Bahn geraten und dabei stabil bleiben. Es trotzt den größten Energieströmen, ohne dass seine Kontakte darunter leiden – wie eine unerschütterliche Festung. Empfindliche Steuerstromhexenkreise bleiben auch hier vor der wilden Kraft des Laststromhexenkreises geschützt, als wären sie hinter einer sicheren Mauer verborgen. Durch geschickte Sicherheitsmechanismen stellt es sicher, dass Maschinen und Menschen stets vor unkontrollierten Stromhexenflüssen bewahrt werden.

So wurde das Schütz zu einem unersetzlichen Helden der Elektrotechnik. Überall, wo große Ströme aus Stromhexen fließen, Motoren aufheulen und mächtige Maschinen zum Leben erweckt werden, ist das Schütz zur Stelle – sei es in riesigen Industrieanlagen, wo es gewaltige Pumpen antreibt, oder in elektrischen Antrieben, die moderne Verkehrssysteme am Laufen halten.

Die Stromhexen haben sich also nicht nur dem Relais unterworfen, sondern auch dem Schütz – einer noch mächtigeren Maschine, die ihre ungezähmte Kraft in geordnete Bahnen lenkt und dabei für Sicherheit, Kontrolle und gewaltige elektrische Energie sorgt!

KAPITEL 10: DAS ZEITRELAIS – DIE AUFGABENMASCHINEN

Mittlerweile haben wir schon viel über die Stromhexen gelernt. Wir wissen, dass sie uns nichts anhaben können, wenn wir verstehen, wie wir mit ihnen umgehen. Und wir haben herausgefunden, wie wir sie für unsere Zwecke nutzen können, um unser Leben einfacher und luxuriöser zu gestalten.

Viele Menschen haben geniale Erfindungen gemacht, nachdem sie die Eigenarten und Vorlieben der Stromhexen erforscht haben. So gefährlich sie auch sind, Stromhexen sind recht einfältig und lassen sich leicht lenken. Man kann sie sogar ablenken – und genau diese Eigenschaft nutzen wir, um mit ihnen zeitlich zu spielen.

Nachdem wir dank unseres Vorfahren Joseph Henry gelernt haben, Schaltungen sicherer zu gestalten, indem wir die Stromhexen im Kreis sausen lassen und dabei positive Nebeneffekte erzielen, können wir uns nun noch größeren Spielereien widmen.

Das „Exit-Relais" – Ansprechverzögertes Zeitrelais

Man erzählt sich von einem Tüftler, der nicht nur die wilde Kraft der Stromhexen nutzen wollte, sondern auch ihre Schwäche für Rätsel erkannte. In seiner dunklen Werkstatt, umgeben von Skizzen und alten Bauteilen, entwickelte er eine kühne Idee. "Wenn sie sich so leicht ablenken lassen, warum nicht genau das nutzen?" murmelte er und zog eine komplizierte Mechanik aus der Schublade. Er baute ein Relais, das den Stromhexen den direkten Weg versperrte und sie zwang, eine Aufgabe zu lösen, bevor sie weiterziehen durften.

Doch es lief nicht alles glatt. Beim ersten Versuch blieben die Stromhexen stur stehen und weigerten sich, das Rätsel zu knacken. Beim zweiten Versuch war die Aufgabe zu leicht – sie sausten einfach hindurch, ohne sich auch nur kurz aufzuhalten. Erst nach vielen Anpassungen hatte er es geschafft: Ein Relais, das die Stromhexen genau so lange aufhielt, wie es nötig war. "Perfekt!" rief er aus. "Ein EXIT-Spiel nur für Stromhexen!"

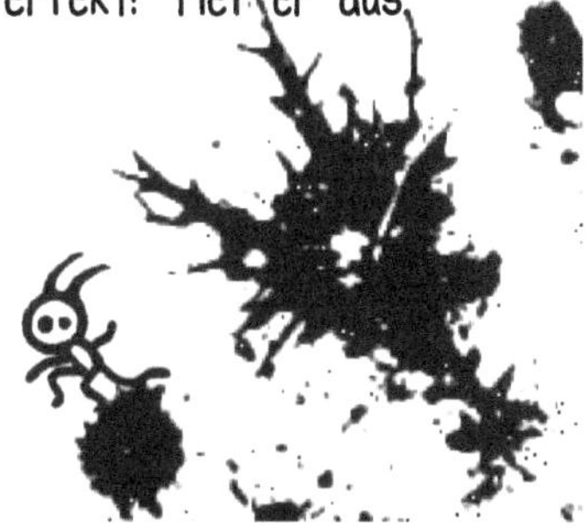

Und so entstand das erste Zeitrelais – ein Gerät, das Stromhexen austrickst, indem es sie zwingt, eine Aufgabe zu lösen, bevor sie weiterflitzen dürfen.

Das erinnert mich an Escape Rooms, die ich selbst gern besuche. Dort muss man ebenfalls Aufgaben lösen, um die nächste Tür zu öffnen und dem Ziel näher zu kommen – genau wie die Stromhexen, die erst nach einer bestimmten Zeit oder unter bestimmten Bedingungen weiterflitzen dürfen. Es gibt auch Spiele, die man einmal spielt und dann nie wieder nutzen kann. Eine Reihe davon nennt sich EXIT. Und das Tolle daran? Sie bieten eine perfekte Eselsbrücke, um diese rätselhafte Eigenart der Stromhexen zu erklären! Das X aus EXit finden wir im Schaltzeichen wieder.

Aber wie genau funktioniert das?

Eine Möglichkeit besteht darin, Stromhexen durch das bekannte Gebilde „Relais" zu schicken. Gib ihnen nun noch eine Rätselaufgabe, mal leichter, mal schwerer, und voilà – ihre Kraft allein reicht nicht mehr aus, um den Anker sofort zu ziehen und einen anderen Stromkreis zu schalten.

Wenn wir die Stromhexen durch eine Relaisspule lenken, bemerken sie plötzlich das EXIT-Game. Der Anker ist verriegelt! Je nachdem, welches Level (Zeit) wir vorher am Relais eingestellt haben, brauchen sie die entsprechende Zeit, um das Schloss zu knacken und den Anker zu lösen.

Erst wenn das Rätsel geschafft und sich dadurch der Anker gelöst hat, wird der Kontakt des Zeitrelais im Laststromkreis geschlossen – und erst dann dürfen die Stromhexen ihren Weg fortsetzen.

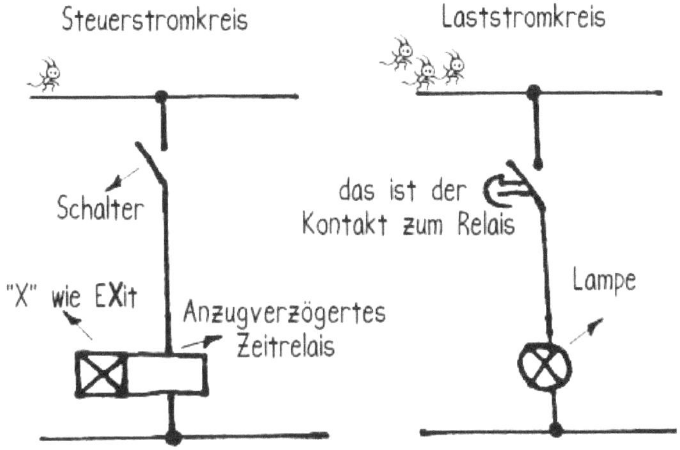

"technische Schaltung"

Das „Müll-Relais" – Abfallverzögertes Zeitrelais

Es gibt eine uralte Legende unter den Stromhexen. Man erzählt sich, dass es in grauer Vorzeit eine besonders unordentliche Gruppe von Stromhexen gab. Sie sausten kreuz und quer durch ihre Bahnen, hinterließen Chaos, verhedderten sich und brachten alles durcheinander. Doch dann geschah es: Eine mächtige, uralte Stromhexe, bekannt als Hexa Sauberblitz, hatte genug von diesem wilden Durcheinander.

Mit einem donnernden Knall trat sie hervor und verkündete: "So kann das nicht weitergehen! Ordnung muss sein!" Sie belegte alle Stromhexen mit einem magischen Fluch: Von nun an durften sie erst weiterziehen, wenn sie alles hinter sich sauber hinterlassen hatten. Die Stromhexen murrten und knurrten, doch sie konnten nicht anders.

Seitdem ist es tief in ihrer Natur verankert: Stromhexen müssen aufräumen! Sie können sich diesem alten Fluch nicht entziehen – je größer das Chaos, desto länger bleiben sie, um alles wieder in Ordnung zu bringen.

Als die Menschen dieses Phänomen erkannten, entwickelten sie das erste abfallverzögerte Zeitrelais – eine geniale Nutzung der zwanghaften Reinlichkeit der Stromhexen!

Dieses Relais ist so konzipiert, dass die Stromhexen nach dem Unterbrechen des Steuerkreises in einer Spule gefangen sind – doch plötzlich wird ihnen eine riesige Unordnung präsentiert! Sie können ihrer Natur nicht widerstehen und müssen erst einmal aufräumen, bevor sie weiterziehen. Dabei sausen sie so lange durch die Spule, bis das Chaos beseitigt ist. Erst dann können sie den Stromkreis verlassen.

Je nachdem, wie viel "Müll" wir vorher eingestellt haben (also die Verzögerungszeit), bleibt der Lastkreis länger aktiv, bevor sich der Kontakt löst und zum Beispiel die Lampe erlischt.

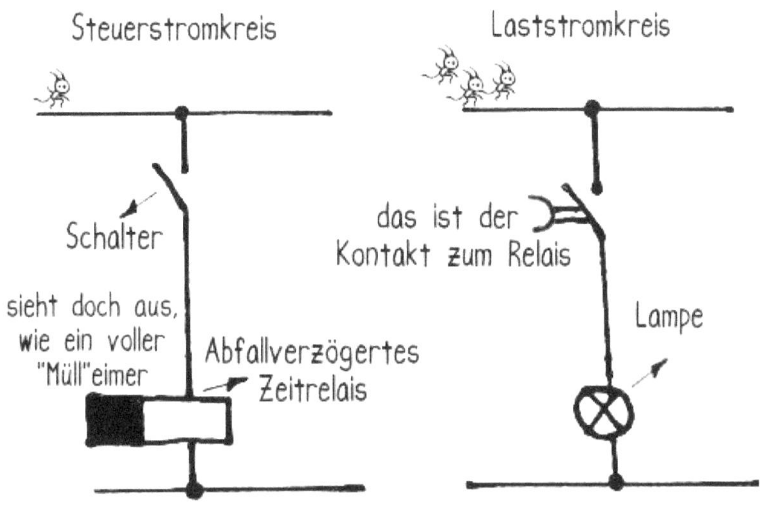

"technische Schaltung"

Es gibt natürlich noch viele weitere Zeitrelais, denn der Mensch kann gar nicht aufhören, mit den Stromhexen zu spielen. Zum Beispiel Kombinationen aus den beiden beschriebenen Zeitrelais oder ein Blink-Relais, das für ein rhythmisches An-Aus-An-Aus sorgt.

Lasst eurer Fantasie freien Lauf und überlegt euch doch auch mal eine Geschichte darüber, wie man sie mit Stromhexen beschreiben könnte! :)

KAPITEL 11: DER GLEICHSTROMMOTOR – ALS SICH DIE STROMHEXEN PLÖTZLICH DREHTEN

Die Menschen hatten mittlerweile gelernt, die Stromhexen zu zähmen. Sie leiteten sie durch Kabel, zwangen sie durch Widerstände, speicherten sie in Kondensatoren und lenkten sie mit Dioden. Sie hatten sogar gelernt, ihre Energie durch magische Spulen zu verstärken. Doch dann passierte eines Tages ein folgenschwerer Zufall.

Man erzählt sich, dass ein Erfinder in seiner Werkstatt saß und versuchte, eine besonders starke Spule zu bauen. "Mehr Energie! Mehr Power!" murmelte er, während er immer mehr Wicklungen um einen Eisenkern legte. Er schloss die Spule an eine Batterie (Vorgaukelvorrichtung zur Motivationserzeugung für Stromhexen) an und die Stromhexen begannen begeistert, ihre Loopings zu drehen.

Doch dann passierte es! Eine unglücklich platzierte Büroklammer lag in der Nähe der Spule. Kaum hatten die Stromhexen genug Fahrt aufgenommen, wurde die Klammer wie von Geisterhand erfasst und begann sich zu drehen. Erst langsam, dann immer schneller. Der Tüftler beobachtete das Spektakel mit offenem Mund. "Was zur Hölle...?" Er versuchte, die Klammer anzuhalten, doch kaum ließ er sie los, drehte sie sich weiter. Die Stromhexen hatten es geschafft: Sie hatten eine Bewegung erschaffen!

Er experimentierte weiter und erkannte, dass die Stromhexen beim Durchrasen der Spule ein unsichtbares, aber starkes Magnetfeld erzeugten. Dieses Feld breitete sich in alle Richtungen aus und wirkte auf metallische Gegenstände in seiner Nähe. Die Büroklammer, aus Eisen bestehend, wurde plötzlich magnetisch und begann sich zu bewegen. Doch nicht nur das – sie wurde von den ständigen Änderungen des Magnetfeldes regelrecht mitgezogen! Die Stromhexen erzeugten mit jeder Runde eine unsichtbare Strömung, die die Büroklammer immer weiter in Drehung versetzte.

Was zunächst wie ein Zufall wirkte, entpuppte sich als eine geheime Kraft der Stromhexen: Sie konnten nicht nur Felder erzeugen, sondern auch Bewegungen daraus entstehen lassen! Also nahm er eine kleine Scheibe, befestigte sie an einer Achse und platzierte Magnete drumherum. Dann schickte er die Stromhexen erneut auf ihre Reise. Die Stromhexen stürzten sich in die Spule und erzeugten ihr starkes Magnetfeld – und genau in diesem Moment zog es die Magnete auf der Scheibe an und stieß sie wieder ab. Immer wieder wechselte die Kraft zwischen Anziehen und Abstoßen, sodass die Scheibe nicht stillstehen konnte. Sie drehte sich – erst langsam, dann immer schneller, angetrieben von den Stromhexen, die voller Freude durch ihre Schleifen wirbelten!

So wurde der Gleichstrommotor geboren: Eine Maschine, die aus der wilden Kraft der Stromhexen eine ständige Drehbewegung machte. Plötzlich konnten Maschinen angetrieben werden, ohne dass jemand kurbeln musste. Die Menschen konnten Ventilatoren, Werkzeuge und Fahrzeuge mit der Kraft der Stromhexen zum Laufen bringen.

Und die Stromhexen? Sie fanden es großartig! Endlich mussten sie nicht mehr nur geradeaus rasen – jetzt konnten sie in einer endlosen Karussellfahrt kreisen, ohne je anzuhalten. Sie drehten sich schneller und schneller, kreischten vor Vergnügen und ließen die Welt um sie herum in Bewegung versetzen. Doch damit die Karussellfahrt nicht abrupt endet, muss der Stromfluss im Motor ständig aufrechterhalten werden – sonst verlieren die Stromhexen ihren Schwung, und die Drehung kommt zum Stillstand.

So brachte ein einfacher Zufall eine der wichtigsten Erfindungen der Elektrotechnik hervor – den Gleichstrommotor! Doch Moment mal – hatten wir nicht schon eine Maschine kennengelernt, die genau umgekehrt funktioniert? Richtig! Die Taschenlampe aus Kapitel 6 nutzt die gleiche Magie, nur andersherum: Ein Generator ist also nichts anderes als ein umgedrehter Motor: Während im Motor die Stromhexen die Drehung erzeugen, lassen wir beim Generator eine äußere Bewegung, z.B. bei Windrädern (Magnet dreht sich), die Stromhexen antreiben und in die Leitungen schicken. So nutzen wir zwei Seiten derselben Medaille – eine Maschine gibt Energie ab, die andere nimmt sie auf!

Doch was wäre, wenn sich die Stromhexen noch nicht einmal entscheiden könnten, in welche Richtung sie laufen sollen? Genau diese Herausforderung stellt sich im Wechselstrommotor – dort werden sie ständig hin- und hergetrieben, ohne je eine feste Richtung zu finden. Aber das könntet ihr doch mal eurer Fantasie überlassen :)

KAPITEL 12: DER EPISCHE KAMPF DER STRÖME – TESLA GEGEN EDISON

Seit die Menschen die Stromhexen zähmen konnten, begannen sie, ihre Energie auf unterschiedliche Weise zu nutzen. Doch nicht alle waren sich einig, wie das am besten geschehen sollte. Ein elektrischer Krieg brach aus – ein Wettstreit der klügsten Köpfe ihrer Zeit.

Auf der einen Seite stand Thomas Edison, ein Mann mit einem klaren Plan. "Gleichstrom ist der Weg!" verkündete er. "Er ist zuverlässig, stabil und sicher. Die Stromhexen müssen einfach nur in eine Richtung laufen, dann bleiben sie berechenbar und gut kontrollierbar!"

Doch auf der anderen Seite stand Nikola Tesla, ein genialer, aber exzentrischer Denker. Er lachte nur und entgegnete: "Edison, du denkst zu klein! Warum sollten die Stromhexen immer nur geradeaus laufen? Lass sie tanzen! Lass sie sich hin- und herbewegen, in einem ständigen Rhythmus. Dann können sie mehr Energie übertragen, größere Strecken zurücklegen und sich unterwegs verwandeln!"

Tesla hatte eine geniale Idee: Anstatt die Stromhexen immer nur von einer Seite des Stromkreises anzulocken, ließ er die Spannung in einem schnellen Wechsel mal von der einen, mal von der anderen Seite auf sie wirken. Die Stromhexen waren verwirrt. Gerade wollten sie losstürmen, als plötzlich von hinten ein noch stärkerer Ruf nach Freiheit kam. "Dort ist die Freiheit! Nein, dort! Nein, wartet, jetzt kommt sie wieder von hier!" Sie wussten nicht mehr, wo es langging. Sie wirbelten wild durcheinander, wurden mitgerissen in einen unsichtbaren, nie endenden Takt. Sie konnten sich nicht entscheiden, also taten sie das Einzige, was ihnen blieb: Sie folgten dem Rhythmus und wechselten in einem atemberaubenden Tempo ständig die Richtung!

Die Stromhexen, die bisher brav ihre Bahnen gezogen hatten, spürten plötzlich, dass sich etwas verändert hatte. Eben noch rannten sie zuverlässig in eine Richtung, doch jetzt wurden sie unaufhaltsam hin- und hergerissen! Sie knirschten mit den Zähnen, Funken sprühten, und sie wirbelten wild durcheinander. Ihr sonst geordnetes Chaos wurde zu purem Wahnsinn. Mit jedem neuen Richtungswechsel wurden sie wütender und aggressiver. War Gleichstrom für sie noch ein berechenbarer Weg, fühlte sich Wechselstrom wie eine unaufhörliche Achterbahnfahrt an, die sie zu ungezügelten Biestern machte. Kein Wunder, dass er gefährlicher war! Wer diese tobenden Hexen nicht im Griff hatte, riskierte, dass sie in wütenden Entladungen alles um sich herum zerstörten.

Doch kaum begann der erste Test, wurden die Stromhexen immer garstiger. Der unaufhörliche Wechsel zwischen Anziehung und Abstoßung ließ sie rasen, taumeln, knistern vor Energie. Ihre Funken flogen wilder als je zuvor, denn sie wurden wie Puppen an unsichtbaren Fäden hin und her geschleudert. Sie tobten, wüteten, und doch waren sie gefangen in Teslas unsichtbarem Takt. Wer diese ungebändigten Stromhexen nicht richtig lenkte, lief Gefahr, dass sie sich in einem einzigen, wütenden Entladen alles um sich herum zerstörten! Der ständige Richtungswechsel machte sie wahnsinnig! Sie knurrten, fauchten und schleuderten Funken, als sie hin- und hergerissen wurden.

Genau das machte sie so effizient: Weil sie nie wirklich loslaufen konnten, blieben sie auf einem kleinen, begrenzten Weg gefangen – und das sparte ihnen ungeahnte Energie. Anstatt sich über lange Strecken mühsam fortzubewegen, ließen sie sich einfach von der ständig wechselnden Spannung antreiben, fast wie in einem wilden Tanz. Während die Gleichstromhexen mühsam immer weiter rennen mussten, schaukelten die Wechselstromhexen scheinbar mühelos auf ihrer unsichtbaren Welle – auch wenn es sie innerlich zum Wahnsinn trieb.

Mit jeder neuen Schwingung spitzten sich ihre Zähne, ihr Funkenflug wurde gefährlicher, und ihr Chaos immer schwerer zu bändigen. Wer es nicht verstand, die Stromhexen im Wechselstrom richtig zu lenken, riskierte, dass sie sich in einem einzigen, tobenden Gewitter entluden und alles um sich herum zerstörten. Sie mussten sich dem Rhythmus beugen, mussten immer weiter schwingen, und mit jeder Umkehr ihrer Richtung wurden sie schneller, kraftvoller – und unberechenbarer. Sie waren nun elektrisches Dynamit, und wenn man sie nicht im Griff hatte, konnten sie mit einem einzigen falschen Funken eine Katastrophe auslösen.

Der Streit eskalierte. Edison verbreitete Angst vor dem Wechselstrom, indem er demonstrierte, wie gefährlich er sein konnte. Er schickte seine Assistenten aus, um zu zeigen, dass hohe Spannungen von Wechselstrom tödlich waren. "Seht her! Der Wechselstrom ist unkontrollierbar!" rief er.

Doch Tesla bewies das Gegenteil. Mit großartigen Shows, in denen er selbst Hochspannungen durch seinen Körper leitete, zeigte er, dass Wechselstrom sicher sein konnte – wenn man ihn verstand. Er entwarf den ersten Transformator, der die Stromhexen mit Leichtigkeit in ihrer Spannung erhöhen oder verringern konnte.

Letztendlich siegte Tesla. Dank seiner Technologie konnte Energie über weite Strecken transportiert werden, und bald wurde Wechselstrom zum Standard in den Stromnetzen. Edison musste sich geschlagen geben und seine Träume von einem reinen Gleichstromnetz aufgeben. Dennoch blieb der Gleichstrom in bestimmten Anwendungen bestehen, etwa in Batterien, Elektrokleingeräten und speziellen Industrieanlagen, wo seine Eigenschaften weiterhin von Vorteil sind.

Doch die Stromhexen? Die waren völlig unbeeindruckt. Sie rannten und sprangen weiterhin durch ihre Bahnen, mal stur geradeaus, mal tanzend hin und her. Nur eines war ihnen bewusst: Egal wie die Menschen sie lenkten, sie würden immer einen Weg finden, Chaos zu stiften...

KAPITEL 13: DER TRANSFORMATOR – DAS PORTAL DER STROMHEXEN

Nach dem großen Krieg zwischen Edison und Tesla, als sich der Wechselstrom über die Welt ausbreitete, begann ein neuer Forscher, fasziniert von den geheimnisvollen Kräften der Stromhexen, weiter zu experimentieren. Doch dieser Mann wollte nicht einfach nur nachmachen, was andere vor ihm entdeckt hatten. Nein, er wollte ein völlig neues Rätsel lösen.

Er wusste bereits, dass Stromhexen in Spulen ihr magisches Feld aufbauten, dass sie dort Looping um Looping drehten und dabei eine unsichtbare Kraft erzeugten. Doch was, wenn sich diese Kraft auf etwas anderes übertragen ließ? Was, wenn zwei Spulen miteinander verbunden waren – ohne dass die Stromhexen von einer zur anderen laufen konnten?

Doch wie kam er überhaupt auf diese merkwürdige Idee, zwei Spulen einfach nebeneinander zu stellen? Manche sagen, er sei über einen verstaubten Stapel Notizen eines alten Forschers gestolpert, der von seltsamen Feldern sprach. Andere behaupten, er habe es einfach aus reiner Langeweile getan – schließlich hatte er schon so ziemlich alles ausprobiert, was es mit Stromhexen zu testen gab.

Die Wahrheit jedoch ist viel kurioser.

Eines Tages, so erzählt man sich, wollte der Experimentiermeister eine besonders große Spule wickeln. Eine, die so stark war, dass sie die Stromhexen wie ein Tornado durchwirbelte. Doch als er gerade eine Pause machte (weil er in seinen Notizen "kurz Mittagessen" aufgeschrieben hatte), ließ er versehentlich eine zweite Spule direkt neben die erste fallen.

Plötzlich bemerkte er, dass sich auf seinem Schreibtisch etwas bewegte. Ein kleines Stück Draht zuckte hin und her – und das, obwohl es gar nicht angeschlossen war!

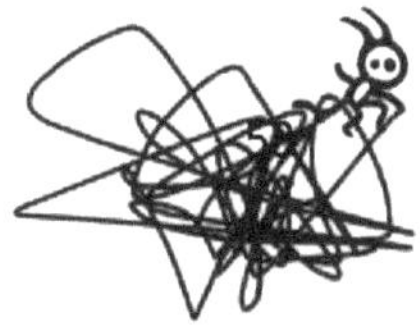

Er runzelte die Stirn. "Hä? Das Ding ist doch gar nicht mit meiner Batterie verbunden... Wieso bewegt sich das?"

Er nahm die zweite Spule in die Hand und bemerkte, dass sich in ihr ganz von selbst eine Bewegung regte. Da war nichts angeschlossen, kein Draht, kein direkter Kontakt – und doch tanzten die Stromhexen in ihr herum!

Er ließ alles fallen (inklusive seines fast leeren Kaffeebechers, der sich über seinen Notizen ausbreitete) und starrte die beiden Spulen an. Das war es! Die Spule war nicht nur eine wilde Loopingbahn für die Hexen – sie konnte ihre Bewegung auf eine andere Spule übertragen, ohne dass auch nur eine einzige von ihnen den Sprung wagte!

Er kritzelte hektisch auf seine letzten trockenen Papiere: „STROMHEXEN KÖNNEN MITEINANDER REDEN! FELDER!!! PORTAL?? HEXENMAGIE?!!?"

Von diesem Moment an konnte er an nichts anderes mehr denken. Er wickelte Spule um Spule, stellte sie nebeneinander, variierte die Anzahl der Windungen und versuchte herauszufinden, wie sich die geheimnisvolle Kraft beeinflussen ließ. Und jedes Mal, wenn sich die Hexen in der ersten Spule bewegten, reagierte die zweite – als würde sie ein unsichtbares Lied hören, eine Melodie, die nur sie verstehen konnte.

Der Erfinder des Transformators rieb sich die Augen. Wie war das möglich? Die Stromhexen konnten sich nicht einfach durch die Luft bewegen, das wusste er genau. Und doch schien es, als hätten sie die Nachricht ihrer tanzenden Freunde in der anderen Spule gehört. Es war, als wäre zwischen den beiden Welten eine geheime Verbindung entstanden, ein Portal, das die Energie weiterleitete, ohne dass auch nur eine einzige Stromhexe den Sprung wagen musste.

Er forschte weiter und entdeckte bald eine entscheidende Regel: Je mehr Windungen die zweite Spule hatte, desto stärker wurden die Stromhexen auf der anderen Seite! Ihre Spannung wuchs, denn auf der anderen Seite wurde ihnen eine noch größere Freiheit vorgegaukelt – ein unendlich weites Land voller Möglichkeiten! Doch wenn er die zweite Spule mit weniger Windungen baute, dann wurden die Stromhexen dort schwächer. Sie verloren ihren Antrieb, als hätte jemand die

Versprechungen leiser geflüstert, und ihre Kraft schwand – doch ihre Anzahl blieb immer gleich. Sie waren es gewohnt, in riesigen Gruppen durch die Leitungen zu strömen, aber durch dieses merkwürdige Phänomen änderte sich nur ihre Kraft, nicht ihre Menge.

Das bedeutete eine bahnbrechende Entdeckung! Wenn die Spule viele Windungen hatte, wurde die Spannung höher. Hatte sie weniger Windungen, wurde die Spannung niedriger. Doch der Strom, die Anzahl der Hexen, blieb immer gleich.

Doch warum funktionierte das nur mit Wechselspannung? Der Forscher versuchte das Experiment mit Gleichstrom, doch nichts geschah. Die erste Spule erzeugte keine geheimnisvolle Kraft, die zweite Spule blieb völlig unbeeindruckt. Die Stromhexen in der ersten Spule rannten in eine Richtung, so brav und berechenbar wie Edison es immer wollte, doch genau das war das Problem! Ihre Welt vibrierte nicht, es gab keine Veränderung, kein Flüstern, keine Nachricht, die in die andere Welt getragen werden konnte. Das Magnetfeld war starr und regungslos – und damit war das Portal verschlossen.

Natürlich! Ohne Tanz, ohne Bewegung, gab es nichts, was sich übertragen konnte. Nur wenn die Stromhexen ständig ihre Richtung änderten, konnte sich das Feld überhaupt aufbauen. Nur durch Wechselspannung konnte das Portal geöffnet werden!

Mit diesem Wissen konnten die Menschen Energie auf völlig neue Weise transportieren. Sie konnten die Stromhexen in einer ersten Spule hoch hinaus schicken, die Spannung bis in unvorstellbare Höhen treiben, damit sie über weite Entfernungen getragen wurde. Dann, in einer anderen Spule, konnten sie die Spannung wieder auf ein sicheres Maß herunterbringen, damit die Hexen problemlos in die Häuser und Maschinen der Menschen flitzen konnten.

Die Stromhexen konnten es nicht fassen. Sie reisten nun über die ganze Welt, obwohl sie niemals wirklich in die zweite Spule liefen. Ihr Tanz wurde weitergetragen, ihre Kraft vervielfacht oder gebändigt, und all das nur durch eine magische, unsichtbare Verbindung.

Der Pionier der Elektrizität lächelte zufrieden. Er hatte das letzte große Geheimnis der Stromhexen entschlüsselt – das Portal zwischen den Welten, das niemals stillstehen durfte. Solange die Hexen tanzten, solange das unsichtbare Feld vibrierte, konnte ihre Energie weitergegeben werden, immer und immer wieder.

Und so tanzten sie weiter – über Kilometer hinweg, von Stadt zu Stadt, von Kraftwerk zu Haus. Und keiner der Stromhexen wusste genau, warum sie sich bewegten. Sie folgten einfach dem Rhythmus, weil sie nichts anderes kannten.

Denn so war es immer gewesen. Und so würde es immer bleiben.

NACHWORT

Vielleicht fällt es euch mit dieser Geschichte jetzt leichter, die Grundlagen der Elektrotechnik zu verstehen und euch Dinge bildlich vorzustellen. Setzt eure Fantasie ein!

Beim Gleichstrom ist das Ganze noch recht einfach: Die Stromhexen bewegen sich immer in die gleiche Richtung, stetig und zuverlässig. Sie treiben Motoren an, laden Batterien auf und sorgen in vielen elektronischen Geräten für eine konstante Energieversorgung.

Der Wechselstrom hingegen tanzt. Seine Stromhexen sind unruhig, kehren ständig ihre Richtung um und bewegen sich in einem unsichtbaren Rhythmus. Das macht sie ideal, um Energie über weite Strecken zu transportieren, sie über Transformatoren zu verstärken oder zu verringern und riesige Maschinen anzutreiben.

Doch dann gibt es noch den Drehstrom – und hier wird alles völlig verrückt! Stellt euch drei Gruppen von Stromhexen vor, die in einem perfekten Takt hintereinander herlaufen, aber immer leicht versetzt. Sie arbeiten zusammen, als wären sie Teil eines endlosen elektrischen Karussells. Dadurch entstehen Drehbewegungen, die so kraftvoll sind, dass sie riesige Motoren antreiben können – von Elektrolokomotiven bis hin zu den Maschinen in Fabriken.

Aber das lasst euch mal genauer von eurem Lehrer und Meister erklären! Passt im Unterricht ein bisschen auf, dann ist es eigentlich auch relativ simpel. :)

Und wer weiß, vielleicht spürt ihr ja beim nächsten Mal, wenn ihr einen Lichtschalter betätigt, wie die kleinen Stromhexen durch die Leitungen flitzen...

Möge die Macht (des Verstehens) mit euch sein!

DAS LETZTE GEHEIMNIS DER STROMHEXEN

Die Stromhexen haben euch so viel über ihre Welt gezeigt. Sie haben sich gestaut, sind durch Widerstände gesaust, wurden von Versprechungen in Bewegung versetzt, haben sich durch magische Spulen gewirbelt und sich an Dioden die Köpfe gestoßen. Ihr habt ihre Abenteuer verfolgt – und dabei etwas Unglaubliches gelernt.

Doch jetzt ist es Zeit, das letzte Geheimnis zu lüften!

Ihr habt es vielleicht schon geahnt... vielleicht auch nicht... aber die Wahrheit ist noch verrückter als alles, was ihr bisher gelernt habt.

! **Die Stromhexen gibt es nicht wirklich!** !

(Ja, ihr dürft jetzt kurz empört aufschreien.)

Doch keine Sorge! Ihr müsst jetzt nur noch eine kleine Sache verstehen – und dann habt ihr das Geheimnis der Elektrizität gemeistert.

Ersetzt in eurem Kopf einfach die Stromhexen durch kleine, frei bewegliche Elektronen.

TADAA! Ihr habt gerade den elektrischen Strom verstanden!

- Die Stromhexen, die durch die Leitungen flitzen? → Elektronen, die durch einen Leiter wandern.
- Versprechen von Freiheit, das ihren Antrieb/Spannung erzeugt? → Ein elektrisches Feld, das die Elektronen antreibt.
- Der Widerstand, der sie bremst? → Eine Behinderung für die Elektronenbewegung.
- Die Batterie, die Stromhexen einsperrt? → Ein elektrisches Potenzial, das Elektronen anzieht oder abstößt.

- Der Kurzschluss, der alles zum Glühen bringt? → Ein unkontrollierter Stromfluss, der Wärme erzeugt.

Ihr habt es geschafft! Ihr habt die Geheimnisse des elektrischen Stroms entschlüsselt – und das ohne langweilige Formeln!

Herzlichen Glückwunsch! Ihr seid jetzt offiziell Meister der Stromhexen!

Aber Vorsicht... irgendwo da draußen warten noch neue elektrische Geheimnisse darauf, von euch entdeckt zu werden. Vielleicht seid ihr die nächste Generation, die eine neue Geschichte darüber schreibt? :)